科普最强音

全国优秀科普讲解作品赏析与研习

萧文斌　吴晶平　杨　帆◎主编

科学技术文献出版社

·北京·

图书在版编目（CIP）数据

科普最强音：全国优秀科普讲解作品赏析与研习 / 萧文斌，吴晶平，杨帆主编. —北京：科学技术文献出版社，2023.10（2024.8重印）

ISBN 978-7-5235-0865-7

Ⅰ.①科…　Ⅱ.①萧…　②吴…　③杨…　Ⅲ.①科学普及—解说词　Ⅳ.①N4

中国国家版本馆 CIP 数据核字（2023）第 198367 号

科普最强音——全国优秀科普讲解作品赏析与研习

策划编辑：刘　伶　责任编辑：韩　晶　责任校对：王瑞瑞　责任出版：张志平

出　版　者	科学技术文献出版社	
地　　　址	北京市复兴路15号　　邮编　100038	
编　务　部	（010）58882938，58882087（传真）	
发　行　部	（010）58882868，58882870（传真）	
邮　购　部	（010）58882873	
官　方　网　址	www.stdp.com.cn	
发　行　者	科学技术文献出版社发行　全国各地新华书店经销	
印　刷　者	北京厚诚则铭印刷科技有限公司	
版　　　次	2023 年 10 月第 1 版　2024 年 8 月第 2 次印刷	
开　　　本	787×1092　1/16	
字　　　数	218千	
印　　　张	16.25　彩插16面	
书　　　号	ISBN 978-7-5235-0865-7	
定　　　价	68.00元	

编委会名单

主　编： 萧文斌　吴晶平　杨　帆

副主编： 罗静婷　罗婉艺　黄　寅

编委会成员：

江　敏　侯的平　林群夫　梁丽明　于　力

曾　骏　张彩莹　罗蔼儿　何伊韵　李早花

余炽文　羊芳明　连俊炜　钟　航　吴加伟

张小勇

演绎科普魅力　传递科学之声

在我们的世界中，科学是一种无处不在的力量。它推动着技术的进步，塑造着我们的生活，并不断地拓宽我们对宇宙的认识。然而，科学不应只存在于学术界的象牙塔中，它应该被更多的人所理解、所掌握。这就是全国科普讲解大赛以及《科普最强音——全国优秀科普讲解作品赏析与研习》这本书出版的意义。

我有幸担任第十届全国科普讲解大赛全国总决赛评委，领略过选手们在舞台上的亮丽风采，他们用生动、形象、有趣的语言，将复杂的科学知识变得简单易懂，为公众呈现了一场集科学性、知识性与趣味性为一体的科普盛宴。

这本书收录了过去九届大赛获奖选手的讲解文稿精华，用通俗易懂的文字语言，深入浅出地解析了不同的科学知识和原理，涵盖了许多引人入胜的主题，如宇宙的奥秘、生命的起源、人工智能的发展和环境保护的科技手段等。

科普，将科学的种子撒向大众的田野，把智慧的甘泉涌入社会的脉搏，将科学的成果从专业学术殿堂引入普通大众的生活，让每个人都能感受到科学的奇妙和乐趣。

作为一名科技工作者，我深知科普工作的重要性。只有更多的人了解科学、理解科学，才能更好地推动科学技术的发展，才能更好地为我们的社会服务。

希望全国科普讲解大赛这个舞台继续发扬光大，带动更多一线的科技工作者支持和参与科普事业，以优质丰富的内容和喜闻乐见的形式，激发青少年崇尚科学、探索未知的兴趣，促进全民科学素质的提高，为实现高水平科技自立自强、推进中国式现代化不断作出新贡献。

我相信这本书将会成为广大读者了解科学、热爱科学的重要工具。在此，我向所有热爱科学的人们推荐这本书，让我们一起用阅读的方式聆听"科普最强音"，感受科学新魅力！

中国工程院院士　罗锡文

前　言

科学普及是实现创新发展的重要基础性工作。习近平总书记指出，科技创新、科学普及是实现创新发展的两翼，要把科学普及放在与科技创新同等重要的位置。没有全民科学素质普遍提高，就难以建立起宏大的高素质创新大军，难以实现科技成果快速转化。这一论述深刻诠释了科学普及与科技创新二者之间相辅相成的辩证关系，同时也为我国新时代科普事业高质量发展提供了指导思想和行动指南。

抓科普就是抓创新，抓创新必须抓科普。在时代的号召下，从2014年至今，由科技部主办，广州市科技局、广东科学中心和广东广播电视台现代教育频道承办的全国科普讲解大赛已成功举行九届。作为目前全国范围最大、水平最高的科普讲解竞赛，大赛旨在通过普及科学知识、倡导科学方法、传播科学思想、弘扬科学精神来激发全社会的科技创新活力，让科学氛围惠及全国人民。历届参赛选手来自全国各地，既有专业科技科研工作者，也有来自各地科技馆、科学中心、博物馆、动植物园等科普场馆的专兼职选手和一线工作人员，还包括军人、医生、教师、学生、消防员、播音员等各行各业的科学爱好者。他们同台竞技，各展其才、智计百出，运用PPT、音视频、现场实验等诸多形式，以生动有趣、通俗易懂又严谨专业的语言讲解科学知识，在友好交流、互鉴互学的过程中，共同为公众构建了一个科学传播的优秀平台。

科普讲解是一门集科学知识、演说技巧和语言表达于一体的学问，要实现寓教于乐的理想效果，不但取决于参赛选手的个人素质，而且很大程度上受到讲解文稿的制约，精彩的讲解离不开精彩的文稿。为此，本书收录了全国科普讲解大赛前八届优秀讲稿和第九届全国总决赛30篇优秀讲稿，选题涉及物理、化学、数学、地理、天文、生物、医学、军事等各个基础科学或前沿科技领域，可谓琳琅满目、异彩纷呈。尤有意义的是，本书对2022年第九届全国科普讲解大赛总决赛的30篇优秀作品做了重点展示：不仅附有视频二维码，使大家可以一睹选手佳绩，而且邀请了广州中医药大学研究员廖雅琪、暨南大学中文系副教授马莎、广东省科技新闻工作者协会副秘书长李钢和资深媒体人康佳等几位专家观赛，从文本写作、传播逻辑、讲解技巧、语言表达、舞台呈现等不同维度对30篇作品逐一进行点评，探讨科普讲解创作的各种可能性，并引导读者深入理解和欣赏科普之美。可以说，本书既为有志于科普事业的相关人员提供了生动的参考，也为大众科学爱好者奉上了科普阅读的最佳文本，对于形成科学思维、增强科学素质大有裨益。

最重要的是，通过本书汇编的历届全国科普讲解大赛作品，读者能窥见我国科技科研工作者的不懈奋斗和惊人成就，能了解我国在各个科技领域的雄厚实力和蓬勃生机，更能领略早已令世界瞩目惊叹的大国风采。科技立则民族立，科技强则国家强。愿科普讲解工作成为营造全社会科学氛围的有效途径，让年长者在深为感动之余坚定自信，让年少者在备受鼓舞之际立志追梦，为科学事业的发展凝聚全民力量。

编委会

2023年10月

历届大赛院士评委点评摘录

大赛选手们把非常枯燥的道理讲得声情并茂，让人能仔仔细细听，听得意犹未尽，让听众觉得科学不只是高精尖的事情，而是实实在在存在于我们身边的。这个大赛，拉近了科学和老百姓之间的距离。我为这个大赛点赞！

中国科学院院士
王恩多

全国科普讲解大赛是科学传播方式的有益创新，为我国培养了一大批优秀科普人才，提升了全社会对科普工作的关注度，推动了我国科普事业发展。日新月异的科学技术及公众对科普的强烈需求，成为大赛越办越好的重要基础。

中国科学院院士
苏国辉

参加大赛的每一位选手都十分优秀，特别是学生选手，大家通过生动的解说，让台下观众收获许多科学知识。年轻一代是国家的希望，少年强则中国强，中国的科技发展起步晚，需要新一代年轻人努力追上去。

中国科学院院士
陈新滋

大赛通过绚丽的舞台，把科学知识、科学精神和方法以老百姓喜闻乐见的方式呈现出来，选手们综合素质高，形象状态佳，讲解深入浅出，展示了全国科普讲解人员的高素质、高水平。

中国科学院院士
张景中

大赛选手表现都很优秀，不仅有精美的PPT，精心准备了道具，而且选题都非常好，涉及前沿科技、国防、健康、智能时代等热点话题。

中国科学院院士
褚君浩

比赛不仅能提高我国科普工作者的科普传播能力，而且能促进民众科学素质的提高。只有越来越多的人投入到科普工作中来，更多地运用多媒体等工具进行科学知识的普及，才能实现民众科学素质的普遍提高，实现创新驱动经济社会发展。

中国工程院院士
刘人怀

人才是第一资源，创新是第一动力，国家的创新发展需要培育良好的"爱科学、讲科学、用科学"氛围。全国科普讲解大赛以创新的形式，在全社会普及科学知识，传播科学精神和科学思想，对促进我国创新发展具有重要作用和意义。

中国工程院院士
江欢成

大赛平台汇聚众多优秀科普精英、科研学者和科学爱好者，呈现了一台精彩的科学大秀，让人大开眼界，同时感到非常欣慰，这样的大赛积极响应国家号召，实现"科技创新"与"科学普及"两翼一体发展，具有重要和积极的意义，应该大力推广，为国家培育更多人才。

国际宇航科学院院士
何质彬

特邀观赛评析专家简介

廖雅琪

广州中医药大学研究员、教育学硕士，广州市科普讲解大赛评委和选手培训专家。

马 莎

暨南大学中文系副教授，中山大学中文系博士，南京师范大学文学院博士后，伦敦大学亚非学院访问学者，中国词学研究会理事。

李 钢

《羊城晚报》科技记者、科技新闻工作室副主任，广东省科技新闻工作者协会副秘书长，长期从事科学、科技、科普、科创报道工作，主持《路演记》《科学驿站》等专栏。

康 佳

资深媒体人、大型活动主持人，长期从事科普讲解宣传、语言表达、形象与礼仪技能培训工作，《广东教育》新闻主播，《话面孔》策划人。

目 录

第九届
全国科普讲解大赛
总决赛选手展评

破冰前行

交通运输部代表队 白响恩（上海海事大学）

2012年8月30日凌晨4点，我驾驶着中国极地科考破冰船"雪龙号"，在北极点附近航行。突然，船不动了，我们反复尝试让船只继续前进，但是没有效果。这让我想到了1912年有一艘叫"圣安娜号"的船，她就是在北极点航行的时候被冰困住，最后船毁人亡。因此，我们必须尽快破冰突围！

那么，破冰船该如何破冰呢？"雪龙号"采用的是船艏破冰方式。大家请看，这是当天"雪龙号"在雷达上的破冰轨迹回放，刚开始我们走的几乎是直线，因为遇到的海冰很薄，所以船舶可以通过自身前进的动力，像一把利刃把冰面给切开，这就是"连续式破冰法"。

然而，接下来，来来回回十分曲折，因为我们遇到了冰脊。冰脊就好比是一座小型的冰山，在水面以下暗藏着一堵冰墙。想要把这一堵冰墙给击碎就需要先倒退一段距离，利用船舶向前的冲量把冰脊给撞碎，这就是"冲撞式破冰法"。

当我们遭遇到第三道冰脊时，不幸被冰卡住了，并且还有两个气旋把我们刚刚压碎的冰聚拢到船尾，这也是我们最担心的一种情况，因为"雪龙号"没有船尾破冰功能，所以我们只能被困在冰中，随冰漂流。在这期间，我们尝试了"摇摆式破冰法"，在船的前后左右各有几个压载水舱，我们可以把船首的水抽到船尾，或者把左舷的水抽到右舷，像跷跷板或不倒翁那样来调整船舶的运动姿态，从而把冰脊给压碎，这就是破冰船常用的3种破冰方法。

虽然"雪龙号"脱困了，但我们用了整整10小时。

"雪龙号"返航后，我国在设计建造新一代科考破冰船的过程中，重点论证了船尾破冰的可能性。终于在2019年7月，"雪龙二号"诞生了，它是中国第一艘自主建造的极地科考破冰船，更是全球首艘实现了船首和船尾双向破冰的破冰船。

这时你要问了，尾部是如何破冰的呢？我们并不是用船尾直接撞冰，而是利用船尾的两台全回转电推式螺旋桨来破冰。它们高速旋转时就好比两台抽水机，以强大的水流形成水体低压区，多向回转抽吸式破冰，同时这股水流还将包裹在船身表面，起到润滑的作用，减少船舶与海冰之间的摩擦，让船可以快速移动。此外，当船舶的尾部被海冰困住时，它们还会像碎冰机那样把冰脊直接削碎，这就是中国自主创新面向极地复杂冰矿的第 4 种破冰方案。

作为中国第一位驾驶"雪龙号"穿越北冰洋的女航海驾驶员，我见证了中国两代极地科考破冰船的变迁。未来，两艘姊妹船将继续承载着中国人探索极地的梦想，在科技强国、海洋强国的道路上劈波斩浪，破冰前行。

科普最强音

扫一扫，观看视频

作品赏析

马 莎

在一切写作要旨中，最能打动人的力量始终是真实。相信听完本篇讲稿，许多人都会有此感受。不过，就类别而言，所有科普讲解都属于非虚构写作，要讲解的科学知识都是真实的，为何本篇能给人一种格外强烈的真实感呢？是因为选手以第一人称来讲述亲身经历吗？这是原因之一，但不尽然，比赛中以真实社会身份现身说法者并不少见。更关键的，恐怕还在于本篇讲稿对于生活真实与文学真实关系把握得恰到好处。

作为我国首位穿越北冰洋的女航海驾驶员，讲解选手亲历的破冰事件是极为可贵的生活真实，但要让听众仿佛亲临其境、产生真情实感，自然不能依靠"抒情"，也不可能巨细靡遗地展现一切，而是必须通过有技巧的"叙事"，将之凝练为文学真实。叙事的关键是结构，故事从哪里开始，又在哪里结束？这取决于写作的题旨所在，对于本篇而言，就是介绍中国两代极地科考破冰船的技术变迁。

那么，首先要令听众明白革新的必要性和重要性，因此，选手选择了以整个过程中最为紧张的一刻来开头：被困冰中，进退维谷，联想到"圣安娜号"的悲剧……这种惊心动魄的紧迫感，几乎是瞬间抓住了听众。

叙事距离也是增强文学真实性的重要因素。在令人屏息凝神的开头之后，讲解人选择了以内部视角来叙述过程，对破冰方式、破冰经过到终于脱困的描述皆由所见所感出发，使听众与当事人的心理距离极为贴近，仿佛与叙述者共享感官体验，也在亲历、目击和感受一切。在这样一种休戚相关的亲密体验中，讲解人无须强调改革破冰技术的意义，听众已然心领神会，并能怀着由衷的欣慰与喜悦之情，去了解新一代船首船尾双向破冰的科技进步。《周易》早已说过："修辞立其诚。"文学真实以生活真实为根基，而生活真实能借助文学的方式更具力量。

李 钢

这是一个亲身经历者的自述故事。作为中国第一位驾驶"雪龙号"穿越北冰洋的女航海驾驶员，这种亲身经历的故事，本身非常具有看点，很有说服力，也容易带着观众进入当时的险境。我们为什么愿意听一个人讲自己的故事，肯定是因为这个人的经历足够传奇，形成一种对受众"俯瞰"式的传播。

而且"雪龙号"是如何实现破冰功能的，这一话题也很有吸引力，恐怕没有多少人会了解破冰船的工作原理和技术含量。"雪龙号"因为没有船尾破冰功能，被困冰脊中随冰漂流。这样的险境描述，就已经足够让受众揪心。而讲解者对于几种破冰法的讲述也较为生动和详尽。

但是，还是有点建议，虽然是科学传播作品，但是既然亲历者已经登台，何不在作品中增加一些对自己当时应对险情时的心理活动的描述呢？为什么要这么做？因为只有"人性"的表达才能引起更广泛的共鸣。现在对于一些正面人物的宣传报道，早已跳出了当年脸谱化的操作，会强调人物内心的挣扎与冲突，这样才真实，才能让受众愿意相信和接受。

廖雅琪

　　讲解选手通过中国极地科考破冰船"雪龙号"在北极真实破冰突围事件，打开讲解话题，运用发现、分析、解决问题的思维，结合破冰轨迹回放，介绍破冰常规方法有3种：连续式破冰法、冲撞式破冰法、摇摆式破冰法。指出"雪龙号"没有尾部破冰功能的问题，这成为"雪龙二号"设计时必须突破的技术课题，进而再重点突出讲解"雪龙二号"尾部破冰方式。

　　选手讲解语言清晰流畅，简洁，准确使用专业术语。讲解了中国极地科考破冰船"雪龙号"的船首破冰方式，以及"雪龙二号"具备船首和船尾双向破冰功能等，将抽象概念转化为听众可学习的知识，概念逻辑层次清晰。

康　佳

　　选手白响恩作为中国第一位驾驶"雪龙号"穿越北冰洋的女航海驾驶员，从亲身经历事件出发，全面讲解了我国极地科考破冰船所遇到的基础难题、攻克技术、取得成绩以及未来发展，整体讲解思路清晰透彻，是具有高传播性的科普讲解作品。

　　同时，选手白响恩具备较强的舞台感染力，主要体现在其面部表情变化上，舞台上的基础礼仪是要求面带微笑，这样能够给受众带来亲切感，但实际上表情不是一成不变的。很多选手存在"笑定"的误区，也就是认为在讲解的过程中需始终保持笑容，实则不然，根据文稿内容，在进行危机、消极、紧急等不乐观内容讲解时，必须要贴合真情实感地进行表情变化，使得声画同步，想象一下如果讲解选手在讲述不乐观内容时依然保持微笑，将是缺乏真实性的，让人感觉其没有感同身受，而是置身事外，将无法获取受众的认可，从而使科普讲解无法有效传播。因此，选手白响恩在讲述亲身经历时迫切紧张的表情值得选手们共同学习借鉴，足够真实才能引发共鸣。

决胜长空千里眼，大国重器撒手锏

军队代表队　肖雪（中国人民解放军 94778 部队）

　　在庆祝中华人民共和国成立70周年阅兵式上，飞机编队中担任领队机的"C位大咖"，就是我国自主研制的空警–2000预警机。你可千万别小瞧它，虽然是个胖憨憨，但是大块头有大智慧，它是集预警探测、指挥控制、目指制导、通信中继于一体的空中预警指控平台，相当于插上翅膀的"指挥所"。

　　预警机在飞机家族中具有很高的识别度，即使你"脸盲"也能一眼就认出来，因为预警机通常在背部有一个大型的雷达天线罩，有的长得像蘑菇，如"大蘑菇"空警–2000预警机和"小蘑菇"空警–500预警机；有的像体操平衡木，如空警–200预警机。而预警机的"撒手锏"装备——雷达，就装在这巨大的罩子里。

　　可能有人会问，既然我们有那么多大型的地面雷达去探测空中目标，为什么还需要预警机把雷达背到天上去呢？因为站得高看得远啊！地球是圆的，地面雷达工作时，发射的雷达波束是直线传播的，但是受地球曲率的影响，会产生探测盲区，当敌机进行超低空飞行时，地面雷达就可能发现不了目标。而把雷达搬到天上去，从空中向下发射雷达波束，受地球曲率影响更小，敌机就无法利用地球曲面和地形掩护进行突然袭击了。

　　"雷达"是预警机的千里眼。如果把我们的空警–2000预警机与美国E–3预警机做个比较，不难发现，工作状态下，E–3预警机的雷达是不停转动的，而空警–2000预警机的雷达是一动不动的，那两者到底谁更先进？谁更厉害呢？当然是我们的空警–2000预警机。因为E–3预警机装备的是机械雷达，就像一个不停转动的探照灯，靠10秒一圈固定周期的转动，来实现全方位探测，而同一时间内没有照到的地方就容易造成探测盲区，并且一旦出现机械故障，就会失去探测能力。而我们空警–2000预警机装备的是三面有源相控阵雷达，比E–3预警机的雷达整整领先一代，是目前世界上直径最大、探测距离最远的有源相控阵雷达，它就好像是由成百上千的小手电排列形成巨大阵列的探照灯，每个小手电都是一部小雷达，既可以独立探测，又可以组合工作，即使有少量组件损坏，也不影响整体性能指标，更加稳定可靠，从而实现360度无死角探测，并且可以对重点目标进行秒级"盯防"，让敌人无所遁形。

除空警-2000预警机外，我国还有空警-200预警机和空警-500预警机，其中空警-200预警机装备的是世界上最大的平衡木型机载预警雷达；而空警-500预警机作为我国自主研制的第二代预警机，它是基于国产运-9中型运输机设计制造的，体型更小，重量更轻，整体性能却不低于空警-2000预警机，有效弥补了中程空中警戒能力的缺陷，也解决了我国预警机批量生产和持续发展的问题，真正实现了"小平台、大预警"的战略目的。

科普最强音

扫一扫，观看视频

长空千里眼，云天中军帐。预警机作为信息化智能化条件下高端战争的空中核心枢纽和体系节点，时刻践行着"扶摇九天之上，为国家瞭望；航行云山之巅，为人民站岗"的忠诚使命。

作品赏析

马 莎

这篇讲稿在写作策略上有着较多的明显优点，首先令人眼前一亮的是标题，形式上采取了接近中国古典章回体小说回目的双句对仗，措辞上以"决胜长空"点明主角，以"大国重器"突出价值，既有整饬的韵致，又能精准地总摄全篇要义。

由中国自行研制的空警-2000预警机是我国国防科技领域的里程碑式成就，它在阅兵时领航机群的傲人雄姿曾令世界为之惊艳。不过，讲稿虽由国庆阅兵名场面切入，却并未将行文基调定得过高，而是聪明地运用"大咖""胖憨憨""大块头"等相对通俗的口语词汇，让文风落在轻快而平实的调性上。这样处理，能够迅速由"抒情"转为"说明"，一则避免情感基调高开低走、后继乏力；二则引导听众带着理性关注下文的科普内容。

在讲解预警机雷达的先进性时，讲稿明确采取了比较法。先是将预警机的背部雷达与地面雷达进行比较，说明其探测原理和空防作用；继而将空警－2000预警机与美国E-3预警机进行比较，说明其雷达技术的先进性。比较研究是以科学思维审视世界的典型逻辑形式，诚所谓有比较才有鉴别，选取合适的参照物，才能在比较中清晰、准确、切实地凸显自身特征。至此，在平实而清晰的科普讲解完成之后，讲稿结尾的升华抒情便非空作口号，而是有所依托、恰如其分了。

李 钢

军事装备领域的高科技话题，是一个很能够引发国人爱国情绪和民族自豪感的话题。从预警机的发展历程来看，我国并不顺利。首先从起步时间上来看，我国已经落后于世界先进国家近二十年的时间，而且在当时的社会、经济条件下，我国要开展预警机的研制，可以说是困难重重，充满着挑战。但是在众多科研人员的共同努力下，经过几十年后，我们终于有了自主研发的，可以与世界一流的预警机型一较高下的预警机——空警－2000。

那么，从本作品来看，主要就是介绍了空警－2000预警机的一些技术、装备的特点，同时，对于预警机这一机种的作用和意义做了介绍。这些内容本身并没有问题，但是总感觉略显平淡。如果能将前述的我国在研制预警机过程中的历史背景和遭遇到的困难做出相关呈现，那么，从传播规律来说，你所呈现的事实在时间和空间上的反差性越大就越能引起受众的兴趣。此外，只有事实性的陈述，那就做不到"撩拨受众的心弦"。"心弦"是什么？就是让他们能够有情绪，产生共鸣，愿意参与（互动）。

廖雅琪

讲解词题目悬疑，千里眼是什么？为什么是撒手锏？选手有序讲解专业术语：

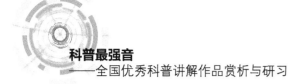

预警机、空中预警平台、雷达天线罩、雷达、源相控阵雷达等，形成清晰的知识点。概念讲解思维清晰：空警-2000预警机，它是我国自主研制的，集预警探测、指挥控制、物质制导、通信中继于一体的空中预警指控平台，相当于插上翅膀的"指挥所"。

选手运用提出问题、解答问题的思维，围绕题目核心词：千里眼、撒手锏，通过层层设问和思维互动，推进讲解。为什么空警-2000预警机成为千里眼？因为有雷达。为什么空警-2000预警机的雷达能成为"撒手锏"？因为三面有源相控阵雷达形成了巨大阵列的"探照灯"，可实现360度无死角探测，对重点目标秒级盯防，让敌人无所遁形。选手通过中美预警机型对比，地面、空中雷达工作效果对比，展现我国自主研制、发展预警机的军事实力。

康 佳

声音是具有色彩的，有效运用声音的色彩，不仅可以提升受众的听讲欲望，也能让选手的舞台展现更加丰富、更具备感染力，选手在声音色彩上的展现非常突出，使得其科普讲解作品具备高效传播性与视听艺术性。

通俗来讲，声音的色彩就是指音色的高低粗细、语速的节奏快慢等因素，使声音有丰富的差异变化，我们电视中看到的少儿节目主持、影视剧配音、话剧表演、小品表演等，都是具备较强声音色彩的语言艺术呈现形式。在普通话标准情绪的语音面貌上，再具备丰富的语言艺术表达能力，将是讲解选手的超强武器。选手除了具备舞台感染力外，在舞台的调度、动作设计上也非常规范，整体作品情绪真实、身份形象恰当，具备完整性。

读心 AI——反恐战场上的火眼金睛

军队代表队　王闻婧（武警指挥学院）

这是 2014 年 3 月，昆明火车站 8 名暴恐分子持刀砍杀无辜群众，造成重大伤亡。每当想起这惨绝人寰的一幕，我就会想如果能在茫茫人海中提前发现并锁定这些暴恐分子，那得挽救多少无辜的生命。

今天我要给大家介绍的就是反恐战场上的火眼金睛——读心 AI，它只要锁定人脸 5 秒，就可以识别一个表面若无其事的暴恐分子，并且这种识别率高达 70% 以上。

读心 AI 是怎么做到的？其实它的眼睛就是一台高速摄像机，能够捕捉人眼看不到的面部细微震动，不信的话我们一起来看。这是我们人眼看到的眼球，这是高速摄像机拍摄的眼球，这是我们看到的面部表情，而这是高速摄像机捕捉到的面部细微变化。人脸怎么会有面部细微震动呢？我们想想看，人在实施暴力犯罪前内心是不是会感到紧张、焦虑，不自觉地心跳加速？心脏就会泵出更多的血液供给头部，面部的毛细血管开始充血，面部肌肉动能增加，小肌肉群和眼球开始快速而微小地震动。这也就是说，内心的波动起伏越大，面部的细微震动就越大，并且这种震动是人的意识无法控制的。读心 AI，这个现代版的火眼金睛，它的神奇之处就在于能够计算并记录这些震动数值，超过一定阈值还能示警报警。

接下来，我们就一起来看看这个神奇的火眼金睛是如何在机场发挥作用的。第一步，就是采集一段视频影像，并把它分帧成一个个小图片，由于面部肌肉的微震动，因此每个图片上的每个点都会有不同的位移变化；第二步，就是计算出这些位移变化的平均值，再用不同的颜色标记，一位旅客的面部震动影像就形成了；第三步，就是将面部震动影像与后台数据库进行对比，就可以匹配到相应的心理特征。比如这幅图就是攻击的特征，而这是偏执的特征。由于暴恐分子普遍的心理状态是偏执、漠然和攻击，所以当三者都高于正常值时系统就会认定这是一个具有暴力倾向的危险分子，进而报警锁定。

如今，读心 AI 已经完成了内部测试，并在重大安保任务中发挥着显著的作用。兵争交，将争谋，帅争机，有了读心 AI，武警官兵就能先知先觉，那些危害社会、祸害一方的暴恐分子，必将原形毕露，无处遁形，最后只好乖乖地束手就擒。在不远的将来，迭代版的读心 AI 将越来越准确，越来越神通，神话中的火眼金睛不是梦！

科普最强音

扫一扫，观看视频

作品赏析

马 莎

本篇讲稿介绍能够识别潜在暴恐分子的先进 AI 技术，开头先由一段触目惊心的惨烈视频引入，唤起听众激愤与恐惧的同时，反恐工作的重要性和紧迫性也不言自明。

接下来，讲稿把 AI 读心的原理分成两部分进行介绍：首先说明基于高速摄像技术的面部微表情捕捉，通过对比人眼所见和高速摄像机拍摄的不同结果，展示后者的精妙之处；其次说明潜在暴恐分子的识别依据，阐明生理反应必将暴露心理波动。不过，在大致了解原理之后，普通听众很可能会产生疑问：AI 如何区分普通人的情绪起伏与犯罪分子的紧张焦虑呢？是否存在误判的可能呢？讲稿并未正面揭示上述疑问，而是巧妙地通过一段视频实例，来演示 AI 读心的具体工作过程。这部分讲解同样采用了条分缕析的方式，说明 AI 在捕捉并记录面部震动数值之后，还要与普遍的犯罪心理特征进行匹配，在此基础上才能锁定对象，从而打消人们潜在的顾虑。

自然，通过分析面部震动数值来实现犯罪预警的 AI 技术尚未完全成熟，这是一个不容回避的客观事实，讲稿其实对此也并未讳言：既在开头申明"识别率高达 70% 以上"，又在结尾处说明目前还在"完成了内部测试"的阶段。只是这些表述都使用了正向、积极的措辞，意在引导听众将注意力更多倾注于这一技术的重大价值。因为恐怖主义活动威胁社会安全是一个全球性难题，AI 读心能为预防和迅速打击犯罪提供强大的技术辅助，其发展和运用的必要性毫无疑问，其技术前景也是完全值得期待的。把信心和安全感带给大众，把技术难题和攻关克艰留给科研工作者，正是这篇讲稿的用心所在。科普讲解不仅仅是客观地介绍科学知识，有时也担负着价值导向的重要作用，这篇讲稿不啻为两全其美的优秀示范。

李 钢

本作品的内容确实不错，讲述了如何利用 AI 技术，实现对人的面部微表情的识别，从而以 70% 的精准度对对象的内心情绪做出判断，以及这一技术背后的科学原理。这样的题材会让人感到震撼：知道 AI 厉害，但是没想到 AI 居然能这么厉害。

作品本身是以科学传播为初衷，同时，在传播的过程中，也能够有其他良性的社会效应产生：一方面，能够让大众感受到当下 AI 科技在维护社会稳定方面的最新成果；另一方面，能够对那些意图从事违法犯罪活动的少数分子起到震慑的作用。

所以说，本作品的选题相当不错，可读性、知识性都很强，期待以后能够有更多这样好的科学传播作品的出现。

廖雅琪

选手解答无线 AI、高速摄像机、震动数值等知识概念，思维清晰；展示了无线 AI 的读心本领：通过高速摄像机快速捕抓人脸细微震动，能够计算并记录这些震动数值，超过一定的阈值还能示警报警。选手通过唯一设问：无线 AI 怎么做到的？用通俗易懂的语言，把抽象的肾上腺素生理机制知识分享给听众：人体紧张、焦虑，会导致心跳加速；心脏要供给头部更多血液以维持机体活动；头部血液流经面部毛细血管，增加面部肌肉动能，小肌肉群和眼球开始快速而微小地震动。这种震动是人的意识无法控制的，而无线 AI 的高速摄像机却能够捕捉到。

选手讲解重点突出解读无线 AI 工作流程的三步骤：第一步，采集一段视频影像，并把它分帧成一个个小图片；第二步，计算出这些位移变化的平均值，再用不同的颜色标记一位旅客的面部，震动影像就形成了；第三步，将面部震动影像与后台数据库进行对比，就可以匹配到相应的心理特征。最后点题：火眼金睛读心 AI。

康 佳

从骇人听闻的打砸抢事件说起，选手王闻婧的科普讲解作品在一开始就吸引了观众的注意力。大众对 2014 年 3 月昆明火车站的打砸抢烧事件心有余悸，选手巧妙地抓住大众对于新闻热点事件的记忆，由此引入，观众自然而然地会对"读心 AI——反恐战场上的火眼金睛"产生好奇，更进一步地想听一听这个"读心 AI"是如何在反恐战场上发挥作用的。

选手后续的讲解运用 PPT 视频配合并演示了"读心 AI"的逐帧分析，清晰明了地向普通观众讲解高科技是如何在我们的生活中发挥作用的。选手王闻婧的军人形象，在语言表达、服饰造型、舞台形体方面都做到了完全规范，是标准的舞台军人形象，同时此形象在讲解中更有说服力和威信力，这就更有利于提升观众的信任感和科普作品的传播。同时，科普讲解时与受众互动的对象感、镜头感也是需要选手们多加注重的，科普的有效传播建立在观众的真正接收上，有互动的科普作品则更易于观众的理解与再次传播。

小洞不补，大洞吃苦

卫生健康委代表队　许桐楷（北京大学口腔医院）

大家好，我是北大口腔医院的许桐楷医生，今天我讲解的题目是《小洞不补，大洞吃苦》。

有这样几个描述，请大家猜一猜这是哪种疾病？它是全球最常见的疾病，没有之一，全球约有 25 亿人受到影响，它的痛苦程度也是名列前茅，给个人和社会带来了比较沉重的负担。没想到吧，其实就是龋齿，也就是虫牙、蛀牙。小朋友都知道，糖吃多了会坏牙，"牙疼不是病，疼起来真要命"，更是尽人皆知。虫牙就是病，不单是最常见的疾病，也是最古老的人类疾病之一。龋齿的历史可以追溯到距今 60 万年左右，可以说只要有牙齿，龋病就一直在威胁着人类的健康。可能有的朋友会说，不就是区区虫牙吗？那我今天就让大家见识见识，虫牙对身体和钱包的伤害可以有多大。

龋齿一开始往往只是一个小黑点，可能就是牙齿的沟沟坎坎里经常刷不干净，日积月累，细菌就把牙齿腐蚀出了一个小坑。这时由于病变非常表浅，如果及时来到口腔科，十几分钟就能处理好，也不疼，花费也就一两百元，治疗效果也很好。如果这个时候你没管它，它就会默默地继续发展成一个牙洞，吃完东西就塞牙，还会怕凉怕热，这个时候治疗就需要打点麻药了，要不然在我们清理烂牙洞的时候会非常的酸爽。这时也还可以是树脂补牙，同样不贵，但由于龋齿已经更加严重了，即便是治疗以后也有可能还是会有一段时间不舒服，而且一定的概率龋齿还是会继续深入，导致牙神经发炎。到了牙神经发炎这一步，术语叫牙髓炎，那就该是典型的牙痛了，都是在晚上突发剧烈疼痛，波及牙了。虽然牙齿一拔，感染的问题就解决了，但缺了颗牙又带来新的麻烦。

有的朋友可能还是满不在乎，现在不是有种植牙了吗？大不了我种一颗。姑且不说种植牙需要手术植入，多次就诊，费用也是大几千甚至上万元，关键种牙也并不是一劳永逸,如果维护不到位一样会发炎,一样会有各种各样的问题,未必能用一辈子。

刚才咱们把虫牙的一生浏览了一遍,总结下来就是题目那8个字——"小洞不补,大洞吃苦"。我也理解大家对于口腔科的恐惧,但还是希望大家能够定期进行口腔检查,早看早好,花钱少。我是北大口腔医院的许桐楷医生,祝大家都能有一口好牙。

))) 科普最强音

扫一扫,观看视频

作品赏析

马 莎

本作品选手是兼任临床与教学双重工作的医生,虽然外在形象上并未突出教师气质,但在讲解行文中还是保留了教学讲稿特有的理路。

首先,以设问启发思考,以补充相关信息,提示思考方向,是典型的问题导向式教学法。尽管短短4分钟不到的讲解无法完整显示这一方法的优势,但已足够唤起听众的思考积极性和求知欲。其次,定义概念时重视追溯其历史,以溯源带动展陈,帮助受众建立对概念重要性的充分认知。龋病已存在60万年,至今伤害全球25亿人,两个数据并列,其危害性已无须渲染。接下来转向对概念的剖析,层进式细说由小黑点到牙洞,到牙髓炎,再到种植牙的知识,令听众完整了解龋病及其对应治疗方式。最后,也是总结知识点,"小洞不补,大洞吃苦",简明扼要,便于记忆,既是标题,也是主旨。

不难发现,体现成熟教学经验的讲解具有一些共性:极为清晰的逻辑层次、逐步解决问题复杂性的演绎方式、以通俗易懂为主要风格的语言、以学生(听众)为中心的讲授思路等。整体而言,往往很少高调,却能举重若轻,令听众不觉其苦,轻松掌握知识。这种大巧若拙,也是适用于一切科普讲解的。

李 钢

营销学里有个概念叫作"恐惧营销"，听起来有点瘆人，但是在很多商业传播中都可以看到这个概念的身影。譬如说，一些机构会告诉你，如果你不重视理财，你的财富会随着时间而大幅缩水；譬如，你不选择这样那样的课程，你的孩子会输在起跑线上。

说到这个，并不是提倡"恐惧营销"，也不想对"恐惧营销"做评价。但是我说过，我们从事科学传播，要能够从其他的传播作品和形式中汲取一些有用的东西为我所用。

龋齿作为全球最常见的疾病，同时，也是最容易被人忽视的疾病。甚至很多人会说，牙痛不是病。那么，如何让大众真正重视龋齿这一问题，从而养成良好的维护口腔健康的习惯。没错，我们适当借鉴下"恐惧营销"，有何不可？

作品让大众产生对罹患龋齿的恐惧感：不仅痛苦程度"名列前茅"，而且随着病情的发展，会产生越来越大的经济负担。这样直白的描述，你在看了本作品之后，是不是马上就萌生了要去口腔医院做个检查的念头？这样，我们就达到了作品的效果：让受众重视龋齿的危害性。

讲解者本身是口腔科医生，由他来做龋齿的相关知识的传播无疑很有说服力。作品的呈现方式也是随着龋齿病情的加重而展开的，带来的"恐惧感"也在随之不断加剧，也正因为如此，作品给人的印象和警示性也会愈加深刻。

廖雅琪

讲解词题目悬疑，小洞、大洞是什么？选手讲解思路非常清晰：龋齿对人身体的伤害、不菲的种植牙费用支出、对钱包的伤害。以龋齿一生变化发展为线索：一个小黑点、一个小牙洞、牙神经发炎、拔牙、缺牙、种植牙，把牙齿遭遇伤害的各种可能性一层一层地讲明白。告知医疗费用实情：龋齿一开始只是一个小黑点，口腔科医生十几分钟就能帮你处理好，治疗效果好，花费一两百元，治疗效果也很好；如果龋齿继续发展成一个牙洞，这时也还可以用树脂补牙，花费不贵；种植牙需要手术植入，多次就诊，费用是大几千甚至上万元。关键提示：如果种牙维护不好，会发炎，有各种各样的问题。"定期进行口腔检查，早看早好，花钱少"。

选手使用专业术语准确：龋齿、牙髓炎、种植牙。讲解语言通俗易懂：龋齿，也就是虫牙、蛀牙。虫牙就是病，不单是最常见的疾病，也是最古老的人类疾病之一。提问科普口腔科学知识，设问讲解龋齿对人的双重伤害，点题：牙洞要及时补。

康佳

　　选手许桐楷的科普讲解作品极具个人特色，语言节奏、PPT 设计、服饰造型都与主题高度契合。选手以医生形象科普"全球最常见的疾病"，非常具有说服力，也让受众更有信任感与心理依赖。选手科普讲解中，颠覆性地告诉大家"虫牙"可不是一个能忽视的小病，改变观众的错误认知，切实呼应主题"小洞不补，大洞吃苦"，相较于其他选手主题的贴合程度，选手许桐楷的设计是完美贴合的。同时，选手采用反问和设问的方式，从人类的历史讲到具体的数据，让整个视频话题更加清晰明了，也带动了观众参与思考与互动，从而真正实现讲解者与受众的知识信息流动。

　　当科普讲解走向舞台、走向荧屏，那么镜头前的形体规范与肢体动作辅助就更显重要。选手可针对稿件内容进行肢体语言和形体状态的设计，尽量避免零舞台调度，固定同一位置站定的讲解不利于展现讲解者的舞台风采，在传播的过程中也会影响观众的理解。

不能"火"的山林

北京代表队　赖天蔚（北京市香山公园管理处）

0101，演练完毕。大家好，我刚从香山的防火演练现场回来，您看，我这衣服都没来得及换呢，这山林火灾真的是太难扑灭了，那么今天我们就来说一说这山林大火它为什么这么难扑灭。

让我们先把时间回溯到一年前的秋天，我们来看看在这个季节，树木的内部都会发生什么样的变化。面对即将到来的寒冷，树木们有它们自己的应对方式，它们将自身的养分和水分从树枝回流到了树根，所以枝繁叶茂的树木就变成了一根根枯枝和一片片落叶了。你想想，这漫山遍野的枯枝和落叶那可都是满满的易燃物，这时候谁要扔进来一个烟头，或者是天上咔嚓来了一道闪电，那么一场山林火灾就非常容易发生了。而扑灭山林大火，可以说是一个世界性的难题，经常在报道里会看到一些大火花费了几周，甚至是几个月都无法完全扑灭，那么它到底难在哪儿呢？其实这一切还得从我手上这根小小的树枝开始说起，太小了您看不见，没关系，我们把它放大到桌面上，您现在所看到的就是刚刚我手里这根小树枝它放大以后的微观截面，它已经在树林里躺了好几个月了，外部干燥的空气早已经榨干了它体内的每一滴水分，所以这个时候一点点微弱的火源都可以轻易地将它的外壳点燃，这第一道防线就被轻松地突破了。而树木在受热膨胀之后会产生大大小小的裂缝，这火源就顺着裂缝进入到了树木的深处，而深处的木质素和纤维素再次燃烧，就会释放出大量的可燃性气体，所以这燃烧的速率就变得更加的快了。

这个时候您可能会说了，我们现在的消防设备这么的先进，有我们的消防车，还有我们的无人机，想扑灭这样的大火不是轻而易举吗？但是您不要忘了，在我们崎岖的山林公园里是很难找到水源的，而且即便您找到了水源，有一句俗话叫"远水解不了近渴"，这些设备装满了也不过几吨水，和硕大的着火面积相比可谓是杯水车薪了。这个时候您提出了一个方案，我们可以沿着火的方向开辟一条防火带，把火和可燃物隔绝开，这火不就自己慢慢熄灭了吗？方法确实不错，但这个时候又会有一个不速之客打乱我们的计划，那就是风了。火的方向会随着风的方向产生改变，可能我们刚刚建好的防火带在一瞬间就失去了作用。

最后，即便我们辛苦地扑灭了大火，可还要面临一个更加严峻的问题，那就是复燃。水只浇灭了明火，但是在树木的深处，水源没有渗透到的地方火势依然还在燃烧，这个时候如果又刮了一阵风，夹杂着大量的氧气，那么一场新的火灾可能就会瞬间蔓延开来。

扫一扫，观看视频

山林大火不仅严重地破坏了生态环境以及自然资源，甚至还威胁到了我们的生命以及财产安全，因此作为一名一级防火区的工作人员，除了科学普及知识外还要呼吁各位，我们一定要绷紧森林防火的这根弦，保护好我们的绿水青山，让我们积极宣传起来，积极行动起来，杜绝火灾的发生，我们的生活才会更加的和谐，更加的美好。

作品赏析

马 莎

尽管在讨论讲稿写作特点时，我们往往只就其中一两点展开分析，但可想而知，正如名列前茅的学生通常并不偏科，一篇优秀讲稿也往往能在各方面都有出色表现。本篇正是如此，技巧、结构、逻辑、修辞，都有可圈可点之处，体现出骨肉匀停、首尾一体的浑成感。

开头的设计使用了渲染现场感的技巧，一句"0101，演练完毕"，救灾行动宛在眼前；未来得及更换衣服便由消防员切换成讲解选手，也传递出一种紧迫感，暗示着主题的严峻性。解说正式开始，主题是"山林大火为何难灭"，讲解人采取追源溯流的答疑思路，先从秋冬季节树木的变化开始，结合精心准备的道具，细致剖析树枝之所以易燃的根本原因。接下来，继续运用以疑问带动内容的方式，代听众逐步发问,以问答形式介绍了山林难觅水源、远水难救近火、杯水难灭车薪,以及风势使防火带失效、暗火复燃引发新灾等一系列困难。这体现了具有严谨科学思维的探讨方式,不以单一成因来解释复杂问题。同时,这一部分谈及的灭火障碍是由易到难的递进关系,从易于理解,到普通人难以考虑周全,在逻辑衔接上丝丝入扣,且能详略得当、文气顺畅,引导听众思路也随之一脉贯通。结尾处既自陈职责,也呼吁听众,让听众由始至终保持参与其中的主动意识。全篇风格质朴,并无华辞丽藻,行文简净畅达、收放自如。

以上各方面单独看来或许都不难做到,但要处处不留短板也洵非易事,值得仔细体会。

李 钢

森林大火为什么难灭?本作品提供了一个不错的视角——从树木内部在干燥天气下的变化,对难"灭"的森林火灾进行了剖析。

要给予肯定的是,对于这样一个题材,讲解选手使用了很生动的表现手法:直接将树木搬到了演讲台上。使用精心设计的道具,选手很直观地呈现出了一棵树,在进入干燥天气后内部发生的变化,以及一旦遇到火苗,火势是如何突破树皮表层,深入树枝结构内部,从而一发不可收拾的过程。

科学传播作品很讲究趣味性,其目的就在于让受众更好地融入科学的氛围中去。由此来看,本作品首先成功营造出了森林遭遇火灾的场景,把受众带入其中,并且开始琢磨起火的根源是什么。而在后面的表达过程中,作品也在不断提出森林灭火的新的难点:远水救不了近火、复杂多变的风,以及随时可能出现的复燃。这些元素都在不停地"抓着"受众,跟着选手的讲解往下走。

廖雅琪

讲解词主题明确,扑灭山林大火,是世界性难题。易燃物、火源、木质素、纤维素、复燃、防火带等知识概念构成讲解词的核心内容。

讲解思路清晰,层层设问,互动推进讲解活动。首先分析发生山林大火的原因:秋天干燥,枯枝落叶成为易燃物;只要有风吹火苗,就突破第一道防线,发生火灾;当火灾发生后,树木受热膨胀后产生裂缝,火源顺着裂缝进入到树林深处,再次燃烧木质素和纤维素,释放大量的可燃性气体,加速燃烧速率,就酿成山林大火灾害。其次,分析扑灭山林大火遭遇的严重困难:在山林公园,很难找到水源,消防车设备装满的几吨水如杯水车薪,很难扑灭山林大火;由于不速之客风的影响,风向会改变火的方向,导致防火带无法正常发挥阻隔作用;复燃更是山林大火难扑灭的因素,在树木的深处,水源没有渗透到的地方火势依然还在燃烧,这时如果又刮了一阵风,夹杂着大量的氧气,一场新的火灾可能就会瞬间蔓延开来。最后点题:预防山林火灾。

康 佳

选手赖天蔚出场时紧快的步伐伴随着严肃的语气,迅速将观众拉进了他所设定的情境中,这种独特的出场方式不仅可以快速吸引观众的眼球,更能让科普讲解变得真实且贴近观众的心,是一篇难能可贵的能让观众身临其境的科普讲解作品。同时,作品中有多段不同节奏、风格的背景音乐做配合,非常直观地将讲解文稿的层次展现出来,再配合选手语速节奏的变化,不断激荡着观众的内心,激发观众想要紧紧跟随选手的讲解继续挖掘接下来内容的热情,这种直观且多变的舞台风格,是最容易吸引观众的,也使得整个作品具有非常强烈的个人风采与记忆点。

选手赖天蔚在道具制作部分也非常用心,他在讲解山林大火难以解决的原因时所配合的道具非常生动形象地展现了其原理,道具具备多功能展示互动性,在讲解中充分发挥了其作用,且选手在讲解演示过程中,动作干脆简洁,配合得当,为舞台效果加分。同时选手在整个作品展现中,设计了多次舞台调度,每次舞台调度都伴随着讲解板块的变化,相得益彰、配合完美,这样直观、丰富的科普讲解作品深得人心。

小身材，大能量

上海代表队　何慧子（上海科技馆）

说到石油，对于大家来说是既熟悉又陌生。我们日常使用的汽油、柴油、煤油等都是由它炼化而来的。那您知道这一吨石油能炼化出多少汽柴油吗？

在我国，石油一次转化成成品油的效率只有约40%，剩下来的，有相当一部分都是渣油，不仅经济价值低，还很难处理。

那渣油为什么会被剩下来呢？大家看，在传统石油炼化的过程中我们都离不开一种材料，叫作微孔分子筛，只有能穿过去的石油分子，才能实现转化。但是，这种分子筛筛孔很小，就好比是我们用来筛面粉的筛子，面粉中的小颗粒过得去，大颗粒就留下了。石油分子就如同这些面粉颗粒，小分子过得去，大分子过不去，过不去就得不到进一步处理，白白地浪费成为渣油。

现在，2020年国家自然科学奖一等奖获得者创造了一种新型材料，利用这种材料就可以将渣油重新转化成汽柴油，您知道它是什么吗？它就是介孔分子筛。

要想了解什么是介孔分子筛，我们首先要知道什么是介孔。我们把直径小于2纳米的孔叫作微孔，大于50纳米的叫作大孔，介于两者之间的就叫介孔。这原本的微孔变成了介孔，就相当于面粉筛变成了漏勺，筛孔变大了，渣油大分子自然就过去了。

可这过去只是第一步，接下来该怎样提升它的转化率呢？介孔分子筛除了孔大，还有一个显著优势就是内部空间也很大，2克介孔材料完全展开就能铺满一整个足球场，达到6000平方米。

这个不是科幻小说，给您举个例子。我们取一块面包，它的表面积就只有外面的一圈，但如果把面包切开，里面就有许多小孔，每个小孔都有一定的表面积，那如果有100万个小孔，它们的表面积相加起来，面包的总表面积就能增加约100万倍。在介孔材料如此大的表面积之上，我们就可以铺满渣油分子转化所需要用到的金属催化剂，渣油大分子进入其中之后，就可以在催化剂的作用下大展拳脚、充分反应，最终实现华丽蜕变。

利用介孔分子筛，我国的石油转化率可以提高约一倍，听起来似乎微不足道，但它相对于我国庞大的炼油工业而言就相当于一座大庆油田一年的产量，正可谓小身材，大能量。

))))**科普最强音**

扫一扫，观看视频

介孔材料独特的孔特性不止可以应用在石油化工领域，在新能源电池、电子器件和生物医药等领域也都大有可为。身躯虽小，却不输任何超级工程，每一个大国重器的背后都离不开科学家在材料领域的无尽探索。"不积跬步，无以至千里"，材料科学的每一次进步，必将成为人类科技前进的不竭动力。

作品赏析

马 莎

这篇讲稿展示了非虚构写作的一条可行路径：以简明畅达取胜。孔子论语言表达的基本标准曰："辞达而已矣。"达，即畅达，也包含了简明之意。辞意相称，准确、简明、流畅，便是优秀的表达。对于说明文而言，尤其如此。"介孔分子筛"是涉及材料科学的专业术语，超出大多数普通人的认知经验，要将其性质、效用、意义阐说清楚，令听众在短短几分钟内明确理解，殊为不易。讲稿首先从大家熟悉的"石油"切入，通过"筛面"的类比，形象地揭示出石油炼化效能中的分子处理问题。随后，由"面粉筛变成了漏勺"承接前文，自然而然地推出"介孔"这一概念。接下来，要说明如何利用介孔提升石油转化率，同样采取让抽象概念形象化、直观化的办法，"足球场"和"面包"跃然眼前，达到一目了然的表达效果。最后，简洁概述介孔材料对炼油工艺和其他科学领域的重要价值，点题"小身材，大能量"。

小到遣词造句，大到谋篇布局，都有一个内在顺序。受众按照表达者设定的顺序接收信息，若这一顺序符合思维逻辑，便能让人自然跟从，获得流畅无碍的体验。譬如这篇讲稿，章句均采取线性排序，条理分明而又张弛有度。尽管这意味着放弃了结构上的趣味性，却无疑有益于诠释复杂概念。

李 钢

　　本作品选择了一个极其小众的话题——渣油处理中使用的介孔分子筛。要知道，面对一个极少人知晓的领域，要想讲好一个故事，并不容易。因为，首先就需要能够引起受众对于这一话题的探索欲和好奇心。那么，就需要在小众话题和大众兴趣之间构建起一种有效的"桥梁"。我们知道，在科学传播中，主题的"专业性"和传播形式的"低智性"之间是一对永恒的矛盾。能够在两者之间形成良好的平衡，是好的科学传播作品的必要条件。这是需要每一位科学传播者，在每一件作品中精心设计的。

　　好在创作者在表达上做得不错，譬如很形象地传递了 2 克介孔分子筛铺展开所能形成的表面积能够达到一个足球场的大小，这样就能够让受众直观且无障碍地理解介孔分子筛的概念。接着，更进一步地使用了"面包"这种日常生活中常见的物品，来做了更好的比方。这种将科学话题贴近日常的方法，是值得称道的。

廖雅琪

　　选手运用提出问题，解答问题的思维，有序提出 5 个问题，以问题引导听众思维参与科普讲解过程；通过问题设置，清晰解答渣油炼化专业技术创新成果及其相关概念。

　　选手善于层层设问，一环扣一环，有序推进讲解。导入语设问：一吨石油能炼化多少柴油？引出渣油问题，埋下伏笔。拓展语设问：渣油为什么会被剩下来？引出微孔分子筛概念，将此概念作为技术革新对比之用。2020 年中国出现可以将渣油重新炼化成汽柴油的新型材料，是什么？引出介孔分子筛概念，并以微孔、大孔之间数据界定什么是介孔？介孔分子筛怎样提升转化率？如果说问题集合是一个洋葱，那么选手善于运用数据，举例，打比方来解答问题，把专业术语讲解明白的过程，则是剥洋葱能力展示的过程，也是选手逻辑思维清晰，表达能力准确的体现。

康 佳

内容为王，选手何慧子的科普讲解化繁为简、生动形象，大大提升了受众在听科普讲解时对知识点的理解程度。选手在优质稿件的基础上进行的表达与舞台设计，更是为整个科普讲解作品进行了增色。首先，像"您知道这一吨石油能炼化出多少汽柴油吗？那渣油为什么会被剩下来呢？"这些递进的知识点选手都通过疑问句的方式进行表达，不仅增加了受众的好奇心，而且更具有吸引力；其次，选手何慧子在表达中能够自如地利用表情变换，增加了讲解时的舞台感染力。

同时，选手何慧子的讲解舞台场地较大，根据舞台面积，她相对应地将肢体动作也进行了更加舒展的调整，在进行指引动作与演示动作时，手臂幅度更大，与场地环境契合统一，具有舞台调度的敏感嗅觉。值得注意的是，在舞台形体规范中，建议选手对于类似起手落手等等这种小细节也要多加注意练习，例如：因手臂松散导致落手后会有手掌拍打大腿侧边的类似情况，这种小细节在镜头前出现会稍显松散。

低空风怪

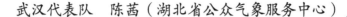

武汉代表队　陈茜（湖北省公众气象服务中心）

2000年6月，武汉王家墩机场一架正在降落的飞机突然偏离航道，高速冲向地面，机上43人全部遇难。2015年6月，客轮东方之星在湖北水域航行时骤然失控，一分钟之内迅速倾斜，船上454人中仅有12人生还。飞机着陆险象环生，沉船真相扑朔迷离，一时间人们众说纷纭，经现场勘察，这看似毫不相干的两起神秘事故背后竟有同一个凶手，它就是"低空风怪"。

这"低空风怪"是什么呢？在气象学上我们称之为"下击暴流"，它是一股从雷暴云中快速下沉的强烈气流，如同瀑布一泻千里直击山石，触及地面后向四周爆发出强大的冲击力，这作恶多端的风怪呼啸而下时，速度最高可达100米/秒，比高铁还快。不仅如此，这狡猾的风怪会在低空形成猛然四散的强风，当它击中地面，爆发出的水平风力最大可达17级，足以掀翻火车轮船。根据东方之星沉船事件的模拟显示，当客轮遭遇9级以上的恒风或船倾角大于21.1度的11级以上顺风时船舶将遭倾覆。事发当天，当客轮驶入下击暴流区域时，瞬间遭遇12级以上的水平强风，船舶猛然失控导致此次沉船事件。

此外，"低空风怪"造成的大风会在几百米内风向突变，对飞机起降危害很大，当飞机遇到下击暴流的时候会先进入逆风区，并在抬升力作用下偏离航道上升，为了使飞机回到航迹上飞行员通常会进行减速和低头，当飞机进入中心区域后受到强烈的下川流拍击，飞机继续下行，随后飞机进入顺风区，十几级的顺风就像火箭的助推器，会使飞机加速俯冲高速撞击地面，由于风速和风向改变突然遭遇下击暴流的飞机往往难逃魔掌。

"低空风怪"如此凶残，我们能提前预报吗？目前多普勒天气雷达是捕捉下击暴流的主要手段。据研究当它距雷达20～45千米时只能提前5.5分钟发出预警，而当距离小于20千米和大于45千米时，雷达也难以捕捉到它的身影，因为下击暴流发展速度快，个头小，即使使用雷达，对它的追踪就如同大网捕小鱼，依旧是世界性难题。为了解决这个局限，越来越多的飞机和轮船安装了风切变预警系统，它能监测飞机轮船周围 500 千米内风的聚变并发出警报，提醒驾驶员及时调整航线。

下击暴流虽然可怕，但我相信随着监测越来越精密，预报越来越精准，终有一天它将无所遁形。让我们依靠科技的进步，为更多的生命保驾护航！

科普最强音

扫一扫，观看视频

作品赏析

马 莎

语言学研究中有一个所谓"语言阶梯"的概念：阶梯顶部是抽象语言，呈现意义；阶梯底部是具象文字，呈现细节。通过真切有效的细节、生动鲜活的例子，读者才能拾级而上，走向概括性、理论性的高度，最终自然地获得"意义"。由感性到理性，由具象到抽象，符合人类普遍的思维模式和认知经验，也正是这篇优秀讲稿遵循的表达原则。

从行文来看，讲稿以描述与说明为主，辅以突出重点的修辞，如将"下击暴流"塑造为"低空风怪"，并运用瀑布、高铁、火箭助推器、大网捕小鱼等比喻，使听众对概念和数据的理解更为具化。从结构来看，讲稿开头直接抛出两个惨烈的真实案例，将"低空风怪"指为"凶手"，可谓奇峰突起，令人心神为之震慑；紧接着，果断切入概念阐释，满足听众近似"追凶"的迫切心理，并进一步说明"下击暴流"具体是如何倾覆船舶、危害飞机的。至此，听众的关注点会合理转向一个疑问：凶手已知，如何缉拿？于是顺势介绍"下击暴流"的现有预警手段，申明这仍是世界性难题。最后，在仿若悬疑小说般波澜蔚起的节奏推进中，听众将与演说者达成理念上的一致：唯有科技进步，才能为更多生命保驾护航。

这一宏大主题是在具体丰富的细节铺垫和步步加深的结构设计中顺理成章、

自然呈现的，毫无刻意升华之虞，因而也更加令人心悦诚服，这正是语言阶梯引导思维的力量。

李 钢

本作品有一个相当棒的开头：一辆客机的失事和一艘客轮的事故，两个看似互不相干的事件之间，居然有着一个共同的"凶手"？这个充满着悬疑的开头设计，就充分把受众的"胃口"给吊了起来。

在科学传播中，我们一直要重视的是，如何讲好一个故事？很多人会问，既然是科学传播，讲好科学知识就行了，为什么还要重视"故事"？其实不然，我反而认为，越是专业的话题，越要重视"故事"。众所周知的是，大众在接收信息的时候，对于专业性较强的内容的接受度并不高，如果将学术论文"搬上"讲台，那么估计大多数人都要睡着了。

所以，讲一个好的故事，能够成功地将受众引入到"情境"中，让他们不由自主地要跟随着故事的情节，想要知道，后面会发生什么。

我们在阅读或者欣赏好的小说、影视作品的时候，我们都会发现，讲一个好的故事和讲好一个故事，是何等的重要。

所以，本作品在提供了一个悬疑的开头后，"提供正确答案"有点着急了，可以继续铺陈解密的过程。可以采用一种事故调查者的口吻，从蛛丝马迹中开始，最终得到我们想要的答案。而这些"蛛丝马迹"，就是"下击暴流"的各种特性。

最后，本作品也提供了"下击暴流"的科技应对之策，让人松了一口气：毕竟我们还是有办法的。

廖雅琪

讲解词题目就是讲解主题，简洁明确，像一条直线，贯穿整个讲解。知识逻辑层次非常清晰。导入语，用两个灾难性事故，揪出共同的元凶：低空风怪；从

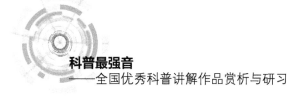

事故现象到事故发生原因的陈述，引导听众参与讲解活动。

选手精心设问，以问题引导听众思维，以设问互动，推进讲解。第一个设问，"低空风怪"是什么？把低空风怪现象提升到气象学科学知识层面，"下击暴流"概念出现，并用数据说明"下击暴流"的危害性。"作恶多端，狡猾的风怪"形容词的描述，把抽象的气象学"下击暴流"概念讲解得生动，易懂，讲解遵循了认知规律。第二个设问，"低空风怪"能提前预报吗？这是世界性难题，解决这个难题的普遍手段是多普勒天气雷达的使用，而风切变预警系统广泛应用于飞机和轮船。预报技术的升级，发挥了现代科技在气象预报中的重要作用。

康 佳

选手陈茜选择"低空风怪"这样带有悬疑色彩的标题，非常吸引受众眼球。尤其是一开场就讲述了两场事故，增添了科普案例的神秘色彩，更加引人入胜。选手的语言节奏也紧密贴合整体讲解的风格。语言特点、舞台表现和文稿内容的统一契合，是一个好的科普讲解作品，非常重要的特点。

选手在揭秘"低空风怪"实际是气象现象"下击暴流"之后，详细地向观众解释了这样一种气象现象的形成原因及特点。同时与背景视频相结合，全方位地让观众感受到"低空风怪"的威力，这种舞台设计非常具有互动性。同时，作品中背景音乐的风格变换、PPT视频和语言文字内容的配合，为作品增加了亮点。如果视频背景音乐音量稍稍降低，更加突出选手的语言表达，将会更具备作品完整性。

科学认识　理性对待——肺结节不可怕

湖南代表队　张乐蒙（湖南省肿瘤医院）

大家好，我叫张乐蒙，来自湖南省肿瘤医院。屏幕前的您是否有过这样的经历，在自己的体检报告单上发现了"肺结节"三个字？

可不是吗？张博士，我既不抽烟又不喝酒，还爱运动，为什么会查出来肺结节呢？该不会是肺癌吧？我好害怕。（视频）①

别怕别怕，肺结节和肺癌是两回事。首先让我们来正确认识，科学对待肺结节。肺结节和肺癌是两回事儿，在体检报告单上发现肺结节三个字，千万不要过度恐慌，肺结节只是我们影像科医生的一种表述方式，它对应了一大类疾病，而不是某一种具体的疾病。你们看，圆圈对应的部分就是肺结节，形态千差万别，是因为病理改变千差万别。凡是在 CT 上直径小于 3 厘米的圆形、类圆形不规则的密度增高影都可以统称为肺结节，要注意，直径大于 3 厘米，那就不是结节了，是肿块，是大问题，需要马上就诊。大家可以看一下手边的矿泉水瓶盖，直径大约就是 3 厘米。

张博士，我还是很害怕，万一是恶性的怎么办？（视频）

我想大家最关心的问题就是肺结节的良恶性鉴别，肺结节其实非常普遍，它就好像我们脸上的痣、身上的疤一样。据世界卫生组织统计，初次检查发现的肺结节有 90% 以上是良性的。当然，部分良性结节长期有可能演化为恶性，大小是一个很重要的良恶性鉴别指标。在这里我告诉大家三个简单容易记忆的数字，"5、8、20"，谐音就是"我不爱你"，对的，肺结节我不爱你。"5"是指直径小于 5 毫米的肺结节，恶性概率比较低。"8"是指直径大于 8 毫米的肺结节，建议治疗后复查，如果口服一段时间抗生素原有结节缩

---

① 指作者在讲解过程中播放的视频。由于本书为大赛的文字整理，选手在现场展示的图片或播放的视频，评委对视频作品以及选手讲解时表情、肢体语言等的评论，无法通过文字向读者完美展示，但为了如实记录大赛的全过程，本书对类似情况未做特殊处理，读者可通过扫描文后二维码观看选手在大赛中的精彩表现。

小甚至消失了，那么多半是良性的，相反，如果结节增多增大，那您可要重视了。"20"是指直径大于 20 毫米的肺结节，建议首先在胸外科就诊。当然，大小并不是唯一的判断因素，肺结节的边缘、形态、密度与周围血管和胸膜的关系同样是非常重要的良恶性鉴别指标。通过低剂量 CT 筛查发现了肺结节，要重视，但是不要焦虑，长期观察，动态随访，发现变化，及时处理才是最正确的应对方式。

听您这么讲我就放心多了，幸好前一段时间做了一次全面体检，可是我身边很多朋友都不敢去做，说是 CT 的辐射太大了，真的是这样吗？（视频）

其实并不是这样的，低剂量 CT 的辐射量只是普通 CT 的 1/6，因此是非常安全的，当然也不是所有人都需要常规筛查。以下是高危人群，年龄大于 50 岁，烟龄超过 20 年，每天超过 20 支的；曾经戒烟，烟龄小于 15 年，除此以外，有肿瘤家族史的；有其他系统恶性肿瘤的；有石棉、沥青、粉尘等职业接触史的；有慢性支气管炎、肺气肿、肺结核、肺纤维化等慢性炎症性肺部疾病的，这些都是高危人群。把握肺结节数字很关键，让我们一起来复习一下，"3 厘米以下视结节""5、8、20""低剂量 CT""1/6 的辐射量"，大家都记住了吗？衷心地希望每一个人都能够畅快呼吸，畅享健康。

扫一扫，观看视频

作品赏析

马 莎

讲台，水杯，黑色背景，简要的文字提示，亲和中透着端肃的人物气质——这些要素组合在一起，一个人人熟悉的角色呼之欲出，也构成了这篇讲解给人带来的第一观感：不会当老师的医生不是好科普讲解员。

果然，选手完成开场并树立人设之后，提问者也出现了。这一角色的主要作用在于利用问题引领内容，使之以层层递进的方式展开；而有所不同的是，本篇的提问者没有任何搞笑色彩，其形象设计兼有"患者"与"学生"双重特征，是与选手身为"医生"兼"老师"的独特气质完全匹配的。二者的人物关系也能唤起听众面对权威人物时潜在的依从心理，有助于"教学效果"。

除了精心设定的角色之外，这篇讲稿还鲜明地体现出教师特有的讲授思路。首先，善于将抽象化为形象，比如在区分肺结节与肿块时，随手用矿泉水瓶盖帮助听众对直径3厘米形成直观认知；其次，擅长利用"谐音梗"，一句"我不爱你"，哪怕医学零基础，也能轻松记住肺结节的良恶性鉴别指标；最后，习惯归纳总结，在讲解完全部内容之后必有提要一二三，帮助学习者再次回顾并强化主要知识点。这些都是课堂教学的经典技巧，从学生普遍的知识水平和认知能力出发，充分兼顾理解与记忆，一切以"教会"为目标。医者与师者共有的良苦用心和职业技巧在这篇讲稿中可谓熟极而流，也透露出讲解人的真实社会身份。

李 钢

肺结节，"我不爱你"。这个作品让我想起了一些广为人知的商业广告，譬如"恒源祥，羊羊羊""今年过年不送礼，送礼只送脑白金"等等。没错，这个作品的最大特点就是用通俗易懂的语言进行了表达，没有使用让人摸不着头脑的专业术语，也没有各种数字和公式，还设计出了"5、8、20"这样的数字化的提炼，朗朗上口。

可以说，这一作品真正做到了科学传播作品所应具有的一个特点：易读性。

在对之前的作品进行评析中，我曾经提到了科学传播的"低智性"要求。"低智性"并不是"弱智性"，更不是"低俗性"，而是强调要用最简单的语言去实现传播。就譬如传说中的白居易念诗给老人听那样，强调的是要将复杂的概念去用最能为人接受的语言进行表达，也就是所谓的"说人话"。要做到这一点并不容易，一方面要求科学传播者具有很强的专业素养；另一方面要求他们掌握丰富的科学传播技能和经验。

我曾经有个比方，假设你是一名处于困惑的科学传播者，那么你就可以将自己的孩子作为传播对象（也可以是亲友的孩子），你会发现，面对不同年龄段的孩子，你所采用的语言表达形式也会不同。对于刚刚开始学习说话的孩子来说，你恐怕只能用最最简单的语言，甚至只是用几个字来表达。

廖雅琪

选手讲解主题明确，围绕主题，运用提出问题，解决问题思维，使用专业术语准确且易懂，科学讲解肺结节问题：肺结节不是肺癌。"肺结节只是我们影像科医生的一种表述方式，它对应了一大类疾病，而不是某一种具体的疾病"。

选手医学概念逻辑清晰，讲解肺结节的良恶性鉴别。肺结节大小是一个很重要的良恶性鉴别指标。"肺结节的边缘、形态、密度与周围血管和胸膜的关系同样是非常重要的良恶性鉴别指标"。通过视频提问、互动，选手明确解答，高危人群需要通过低剂量 CT 常规筛查，发现肺结节。低剂量 CT 的辐射量只是普通 CT 的 1/6，是非常安全的。选手善于进行知识学习小结："3 厘米以下视结节""5、8、20""低剂量 CT""1/6 的辐射量"。

康 佳

体检，是大众都会内心忐忑却又不得不做的一件事，体检中常出现的"肺结节"问题常常让大众紧张，选手张乐蒙在科普讲解作品中加入了独特的设计——模拟大众真实情境，通过与视频中人物问答的方法进行科普主题的解析，解答了困扰大多数人的问题。这一形式不仅新颖、更是切实地从受众的角度出发，解决大众的疑问，是非常符合日常化广泛传播的科普讲解作品。

同时，选手用词严谨、语言表达规范、整体语音状态稳定，能够让受众短时间内快速产生信任，从而专注于科普讲解内容的听讲，选手简洁的舞台动作恰到好处地进行了心理暗示引导，自然松弛，是合格的舞台展现状态，如果尝试以医生的形象进行讲解，将更具有舞台特色。

"偏光魔法"的神奇之处

天津代表队　魏凯旋（天津科学技术馆）

　　我先给大家变个小魔术。大家请看，这里有一个圆筒，从侧面看可以看到中间有一堵黑色的墙和一个小球，如果我将圆筒反向倾斜起来，里面的小球会怎样呢？我听到有朋友说它会被墙拦截住，还有其他的答案吗？那接下来我们就现场验证一下，大家仔细看。一、二、三，小球穿墙而过，难道说它具有魔法属性，会穿墙术吗？我们先来检查一下圆筒有什么特别之处，原来在它的内壁上有一层黑色的残料，难道是赋予小球神奇的魔法吗？没错，这可不是普通的材料，它叫作偏正片。

　　它就像是一个栅栏，可以将朝各个方向振动的光过滤掉，只剩下朝一个方向振动的光。这里有两张偏正片，接下来就用它们来解密这看似神奇的穿墙术。先将一张偏正片放到我的面前，我的脸只是变暗了，再来放另外一张，大家还是能够很清晰地看到我，这是因为这时两张偏正片的透正方向是一致的，接下来将前面的这张偏正片慢慢地旋转90度，大家再来看。我的脸是不是消失了呀？现在大家知道穿墙术的秘密了吧。原来在圆筒中间看似黑色的墙，实际上是不存在的，圆筒中上、下两张偏正片的偏正方向相互垂直，使得光线在交接处无法通过，看上去就像有一堵墙存在，我们还可以在两张偏正片中间放上塑料物品，我准备了一把塑料尺，大家会发现一个五彩缤纷的世界，很像现在流行的激光风格。那如果在塑料尺上粘上透明胶带，它又会带给我们怎样的惊喜呢？我准备了一把已经粘贴好的塑料尺，接下来就是见证奇迹的时刻。提示大家，透明胶带粘贴得越凌乱，最后呈现的效果也就越好。那为什么会有这么神奇的效果呢？朋友们可以回家边实验边思考。这么奇妙的偏正光在现代科技中也有很多应用，比如说它可以用于摄影，在拍摄照片的时候可以消除水面或者玻璃表面多余的反光，也可以用于制造液晶显示器面板，改善显示器的对比度，让图像看上去更加清晰、明亮、逼真，也可以用于制造飞机、舰船、车灯、眼镜等镜片，可以有效地防止光污染，提高安全性，减少事故的发生。

随着科技的发展，我们一定会研究出更加神奇的偏光魔法，看到更广阔的天地，看清更微末的细节，让我们去发现更多有趣的科学奥秘吧。

扫一扫，观看视频

马 莎 ///

演讲常用哪些技巧来加强感染力，以吸引听众呢？利用多媒体元素是其一，如视频、图片、图表、实物模型等，都是为了让信息可视化，以视觉理解辅助听觉理解，从而加深记忆。运用多元化的讲解方式是其二，如小实验、小游戏、问答环节等，都是为了增加信息传递中的互动性，从而提高参与感。这两种经典技巧在科普讲解大赛中都相当常见，但要说运用自如、恰到好处，目前为止，本篇当拔得头筹。

一连4个小魔术加小实验构成了本篇的主体部分，乍看颇有眼花缭乱之感，但推敲起来，每个实验都有其用意：第一个是展示效果，说明偏振片的基本作用；第二个是解密原因，揭示光线只在两张偏振片的透振方向相互垂直时无法通过；第三个其实是用塑料片代替光学实验中的简易波晶片，结合两张偏振片来展示光的色偏振原理；第四个则是利用凌乱的透明胶带进一步观察色偏振现象的丰富有趣。四个实验在设计上紧密衔接，在逻辑上层层递进，既利用奇妙的视觉效果充分演示了原理，又注意留下一定悬念，引导听众在大开眼界、激发兴趣之余，产生后续主动探索的求知欲。在实验结束之后，选手还简要总结了偏振光在现代科技中的主要应用，对所涉知识进行了相对宏观的拓展。

简言之，本篇遵守一切技巧都服务于内容的原则，一系列实验在趣味性和有效性方面达到了极佳平衡，而其背后的基石则是逻辑的连贯性和目标的明确性。

李 钢

本作品的特点是运用了很多小实验的方式传递了关于偏光镜的作用。这种形式很讨巧，从圆球穿过实际并不存在的"黑墙"、两块偏振镜片可以让人脸消失，再到万花筒效果般的塑料尺，简单易行的实验为受众提供了一种亲自动手，探究科学知识的可能性。

科学传播，是基于科学事实的传播，好的作品要力求在科学与传播之间达成一种完美的融合。一方面，从传播者角度来说，要做到内容扎实、表述准确无误，呈现方式灵动而诱人；另一方面，从受众来说，接受科学知识的前提是要激发起其内在对于科学事实、规律的好奇心和探索欲，并在此基础上，形成对于科学思想、科学规律的热情和向往。

而如果科学传播只是停留在对知识信息的传递，那显然是单向的灌输，而如果能够提供动手的机会，那么就能够大大提升受众的参与度。试想一下，有多少人，会看着短视频菜谱，在厨房里有样学样地烹饪美食？

廖雅琪

选手演示小魔术，是打开讲解话题的有趣方式，通过圆筒魔术介绍偏正片：偏正片不是普通材料，它像一个栅栏，将朝各个方向振动的光过滤掉，只剩下朝一个方向振动的光。把知识学习与观察活动结合起来，生动有趣。

选手讲解主题明确，专业概念清楚；从偏正片材料到偏正光原理的广泛应用是讲解重点，选手突出讲解偏正光在现代科技中的应用：用于摄影，可以消除水面或者玻璃表面多余的反光；用于制造液晶显示器面板，改善显示器的对比度，让图像看上去更加的清晰、明亮、逼真；用于制造飞机、舰船、车灯、眼镜等镜片，有效地防止光污染，提高安全性，减少事故的发生。选手通过不断设问，启发听众思考，互动推进讲解活动。

康 佳

最直观的能够增加讲解者与观众互动性的方法是什么呢？毋庸置疑，那一定是选手向观众进行提问，引导观众思考与回答，从而产生互动。选手魏凯旋在自己的讲解作品中充分运用了这一方式，使其科普讲解更加生动有趣，印象深刻。

选手魏凯旋在科普讲解中的现场模拟实验部分设计与处理非常得当，首先在语言表达节奏上，选手在每个小问题提出后并没有马上进行解答，而是留有一秒钟的停顿，小小的停顿留给观众的是深深的思考，这就是舞台语言表达节奏松弛自然的魅力，同时在实操部分肢体动作上选手也做了停顿小设计，每个场景都有充分的展示，这样舞台实验不再是科普讲解的装饰品而是切实地在传递知识信息，这就是有效实验。

怎样让语言表达听起来更简洁更具有官方性，首要第一点就是减少句尾习惯性的语气词，如"啊、呀、哈"，部分选手为使表达听起来更具亲和力，会多使用这个句尾语气词，如"相信啊，大家也会产生疑惑哈"，其实这样的处理适得其反，反而会让整体作品不具备语言规范性，可适当做调整。

气象之眼　守望神州

气象局代表队　陈安瀛（珠海市气象局公共气象服务中心）

大家好，我是天气雷达家族中最年轻的一员——相控阵天气雷达。

首先给大家介绍一下我的家族成员，我的大哥"常规天气雷达"资历最丰厚，他出现之后，变幻莫测的天气、纷飞起舞的雨雪，这些影响着百姓生活方方面面的自然现象，就可以被精准探测到了，人们能够知道哪里在下雨，雨下得有多大。后来，在科学家们的不懈努力下，我的二哥"多普勒天气雷达"和三哥"双偏振天气雷达"相继问世，看不见抓不着的风也纳入了人类的掌控之中，天空中那一团广阔的雷雨云团，被放大为一颗颗雨滴或冰晶，转变为计算机里更为精确的数据，人们看得更细了，天气预报的精度得以提高。

再来说说我吧，我可是天气雷达家族的新生代，是我国名副其实的"00"后，咱们年轻人嘛，做事追求的就是高效快捷。要想知道我和哥哥们有什么不同？首先要了解一下我们是如何探测天气的。人眼依靠接收可见光这种电磁波从而看见东西，而咱们雷达可是比人眼要厉害多了，能够发射和接收电磁波，被我们发射出去的电磁波，在碰到雨滴和冰晶之后，经过了一系列的散射、吸收、折射，有一部分被反射了回来，然后我们就能够清楚地看到数百公里外的一阵雨。

如果把雷达比作"千里眼"，那我的哥哥们就像是"独眼龙"，他们是"单波束机械扫描"。想看左边，就得把头扭到左边，想看上面，就得把头抬起来，所以他们往往是先左右看一圈，把头抬起来再看一圈，这样扫描周期长，9层仰角看完整个天空需要6分钟的时间，没有办法及时获取降雨云团的位置和变化。而我就不一样了，我的眼睛更像是蜻蜓的复眼，由许多个"小眼睛"排列组成，每个"小眼睛"发出电磁波的相位不一样，合成指向不同方向的波束，可以同时对一整个平面进行电子扫描。

这样的好处是，我看得快、看得细、看得全：比起其他天气雷达，我能够提早 4 ~ 6 分钟识别出新生对流单体，提供更加精细准确的天气画像，实现时间精度由分钟级到秒级，空间分辨率由 250 米到 30 米，垂直仰角由 9 层到 68 层的跨越式提升，具有扫描速度快、观测精度高、探测覆盖盲区少等优势。

就拿珠海今年的一次降雨过程来说吧，在早上 8 点的时候，"双偏振天气雷达"的图像如图 1 所示，绿色的区域表示的就是降雨区域，虽然能够知道哪里在下雨，但是没有办法确切地知道：雨下在了哪个街道？会不会影响到某个学校、某个工地？而图 2 中，"相控阵天气雷达"的图像就能够放大好几倍，像是显微镜一样准确地看到降雨云团的位置，而且图像的分辨率也有所提升了，这下预报员们就能够知道：目前城轨明珠站正在下雨，而唐家湾站还未受到影响。

另外，"双偏振天气雷达"的图像时间间隔是 6 分钟，而"相控阵雷达"的图像时间间隔是 1 分钟，更有利于预报员们快速地掌握降雨云团的位置和变化。所以无论是局部地区突然冒出来的一场倾盆大雨，还是来去迅猛的龙卷风，我都能更快、更准确地探测到，更有利于探测短时临近、快速生消的灾害性天气过程。

风云变幻 70 余载，如今，粤港澳大湾区城市群拥有 40 余部"相控阵天气雷达"，我国也实现了从零起步到建成 236 部基本覆盖全国的新一代天气雷达，从跟跑、并跑到部分领跑。我国已经建成了世界最大的雷达监测网络，守望着粤港澳大湾区乃至神州大地的各个角落，使千里之外的风、云、雨、雪无处遁形。未来，我们天气雷达家族必将继续凝聚合力，成为守望祖国大地的"千里眼"及重要时刻的风云"记录者"，继续为加快建设气象强国、推动气象事业高质量发展贡献力量！

))(((科普最强音

扫一扫，观看视频

马 莎

　　优秀的讲稿在写作上总是各有所长，或许作者并非刻意为之，却能给读者以种种启发。本篇也是以物拟人，且以第一人称进行自述；不同的是，本篇还运用比喻作为辅助，并将这一常见修辞格用出了不常见的效果。

　　其中最明显的是对"眼"这个喻体的使用相当精巧："雷达"与"眼"之间可以取喻的要点在于同具"观察"功能，文题是总喻，将气象雷达笼统比作"眼"，并引申出肩负"守望"之责，点明其对于"神州"的重要作用。在介绍不同天气雷达时继续以"眼"作喻，但以不同的"眼"灵活对应不同的功能，如"千里眼"的要点在突出雷达远胜于人眼的探测范围，而"独眼龙"与"蜻蜓复眼"对举，重点是比较几种天气雷达不同的扫描方式。结尾处重现"千里眼"，再次强调"守望"，回顾全文，升华主题。"眼"是喻体，也是一个贯穿全文的意象，既能准确表现天气雷达的功能性价值，也具有超越功能性的象征意味，尤其在与"守望"连用时，更成为一个凝聚着气象工作者责任意识的意义符号。

　　当然，对于文章而言，内容是骨骼，文字是肌肉，而修辞则是皮毛，起到增色作用。但不可否认的是，所谓"言之不文，行之不远"，内容与形式两全其美的状态最为理想。这篇讲稿正是在科普知识的基础上，借助精彩的拟人与比喻打动听众，成功塑造了天气雷达的重要形象。

李 钢

　　本作品进入主题很快，讲解选手的表现方式也很生动，但是差了点真正能够吸引打动观众去进行深入探索的东西。倒是在作品的后半段，那张236部新一代天气雷达基本覆盖全国的地图很有意思，直观感受是震撼，更何况背后还有着从零起步的这样一个过程。

所以，倒不如将结构倒置，将全国的相控阵雷达逐渐发展的情况提前来进行讲述，要给受众传达这样一个信息：这种雷达是目前最为先进的气象雷达，而且发挥着越来越重要的"守望祖国大地、记录风云变幻"的作用。

以宏大叙事的开头，再过渡到微观应用的落地——这时候再来讲述在珠海的实际应用情况，而并不急于展现气象雷达的相关知识。这是提供了另一种有利于科学传播的可行化建议。科学传播是科学与传播的相结合，两者缺一不可。

廖雅琪

选手规范使用专业术语，如数家珍介绍常规天气雷达，"多普勒雷达""双偏振天气雷达""相控阵天气雷达"。知识概念清晰，讲解雷达工作原理，雷达能够发射和接收电磁波；电磁波经过吸收、折射、反射，能够清楚地看到数百公里外风云雨雪。选手运用拟人化，把多种天气类雷达称为家族成员，成员中有哥哥和我，将抽象的、冷冰冰的雷达系列生活化，讲解思维灵活。运用比喻方式，将"雷达"比作"千里眼"，常规天气雷达、多普勒雷达、双偏振天气雷达等像"独眼龙"，相控阵天气雷达像"蜻蜓复眼"，讲解语言生动形象。重点突出讲解"相控阵天气雷达"的优势，中国天气雷达家族最年轻的一员，做事高效快捷，扫描整个平面，看得细，看得全，比起其他天气雷达，能够提早4～6分钟形成新生对流单体，提供更加精细、准确的天气画像。粤港澳大湾区城市群拥有40余部"相控阵天气雷达"。

康 佳

陈安瀛的科普讲解作品整体风格轻盈、愉悦、舞台形体规范、音色圆润甜美，让观众有如沐春风之感，这样的风格快速拉近了选手与观众的心理距离，同时拟人的表现手法也能让观众对其知识点产生浓厚的兴趣，让整个科普作品的受众年龄层更加宽泛，是值得广大科普选手共同学习借鉴的优秀科普讲解作品。

音符律动可以通过听觉快速让大脑产生相应的信息与感受，将我们拉进音乐所营造的氛围中，在科普讲解时运用节奏律动相匹配的背景乐，可以更好地塑造讲解者所传递的情绪状态，从而增加舞台感染力，选手陈安瀛在此部分运用得当，轻柔舒缓的背景乐，没有喧宾夺主，反而为整个作品进行增色。同时，选手陈安瀛在语言表达的技巧上设计巧妙准确，在知识点科普环节表达中，她没有将重音放在常规的逻辑重音处，反而将重音用于一些表示程度或形容词上，如"快速、突出"等，这样的设计更能激发观众的猎奇心理，从而持续与观众产生互动，使其接收到完整的科普讲解内容。

"祝融号"的极限生存挑战

教育部代表队 李虹佳（中国地质大学逸夫博物馆）

火星，这颗神秘的红色星球一直以来被人赋予特殊的意义。在人类极为有限的太空探索能力当中，它一直是科学家梦寐以求的地方。

2021 年 5 月 15 日，"天问一号"带着国人的无限好奇与美好的祝福成功抵达目的地——火星，在这里我们的"祝融号"火星车将开始历时 92 天的极限生存挑战。

"祝融号"火星车将面临哪些严峻考验呢？首当其冲的就是能源问题。"祝融号"火星车选择太阳能作为能量来源。然而，在火星上获取太阳能可不是件易事，要知道，从火星到太阳的平均距离是地球到太阳的平均距离的 1.5 倍以上，因此火星的太阳辐射能量只有地球的 40% 左右。为此，"祝融号"火星车专门配备了 4 个大翅膀、3 节砷化镓太阳能电池阵列。这种装置可以将光电转化率由 16% 提高到 32%，同时可以被制备成各种形状和结构，在这里它被做成蝴蝶的形状，排列在"祝融号"两侧，为"祝融号"提供充足的能源供给。

然而，火星车面临的挑战远远不止能源问题。火星上满天蔽日的沙尘暴会大大降低太阳能板的工作效率，为了应对这一考验，我们的科学家特意采用了电除尘技术和特殊涂层，相当于给火星车穿上了一件滑溜溜的防尘外衣，从而减轻了尘埃的烦恼，必要时"祝融号"火星车还会暂时进入休眠状态，直到沙尘暴结束才被重新唤醒，开始探测工作。

在深沟高壑乱石嶙峋的火星表面，巡视探测可不是件易事，火星表面坚硬的岩石或松软的沙砾会逐渐破坏火星车的动力系统，为了应对各种难以预料的突发状况，"祝融号"火星车的设计运用了主动悬架结构，通过其中的夹角调整机构，调整车体的角度和高度，从而使火星车主动抬起车身躲避障碍。在主动悬架的基础上，科学家还创新研发了轮步式移动系统，也就是说依靠这 6 个能独立行动的轮子，"祝融号"火星车不仅可以走直线、原地转向、边走边转向、还能够蠕动和横行，这样不仅可以避免火星车在难以翻越的沙质陡坡中陷车，还能够避免火星车在布满石块的平原上脱底，从而更好地适应火星的表面环境。

此外，火星表面环境恶劣，昼夜温差极大，最高温度25摄氏度，而最低温度可达零下110摄氏度。为了隔热保温，"祝融号"火星车采用纳米级气凝胶和正十一烷集热窗等技术，确保火星车可以安全无虞度过漫漫长夜。

"祝融号"火星车将面临的磨难远远不止这些，但是我相信，在日益强大的科技支撑下，它定能载着14亿中国人的梦想，以稳健的步伐，为我们揭开火星的神秘面纱，用孜孜不倦的探索带我们走向星辰大海的浩瀚征途。

科普最强音

扫一扫，观看视频

作品赏析

马 莎

这篇讲稿具有令人瞩目的修辞特点，通过拟人化的角色设计与"追寻之旅"的情节架构，让"祝融号"火星车和它经历的极限生存挑战在听众心目中留下了极为鲜明的印记。所谓"追寻之旅"，是文学经典中十分传统的故事模型。主角可以是骑士、海盗、僧侣、冒险家或穷小子，会走遍千山万水，历经艰难险阻，交上好兄弟，打败大魔王，到达神秘之境，夺得圣杯、宝藏、真经或绝世神功，收获成长甚至爱情。从童话传说到中外名著，这类故事比比皆是，其主旨都在于对某一理想目标的"追寻"。

对照这篇讲稿中的基本要素：火星便是秘境，"祝融号"是追寻者，能源问题是险阻，沙尘暴、昼夜温差等是魔王，对火星进行科学考察则是踏上征程的目标。在演说者娓娓动听的讲解与带领下，听众与"祝融号"并肩追寻、齐心探索，借助熟悉的模型，轻松而充满乐趣地学习了全新的科学知识。讲稿末句点明星辰大海、浩瀚征途，即是收束，也是回顾，再次令闻者胸中回荡慷慨之气。可以推想，撰稿人应当拥有相当丰富的文学阅读经验，并成功地把这种经验内化为自身表达的有力根基，用娴熟而凝练的笔法完成了一次科学与文学的精彩合作。

李　钢

契合热点事件，是一个好的科学传播作品很重要的特性。选手选择了中国首次发射的火星巡视车"祝融号"作为参赛选题，说明具有一定的对于新闻事件的敏感性。

并且值得充分肯定的是，这一作品，将内容聚焦于"祝融号"在火星上所面临的种种极限挑战，以及应对挑战所采用的尖端技术。这种聚焦性，规避了参数、名词等专业性较强，不利于传播的元素。

不过，作品仍然有进一步提升的空间。标题是作品的门面，是吸引受众阅读的重要因素。"祝融号的极限生存挑战"这一标题仍然略显笼统，不够生动，可以以某一细节入手，如使用"翅膀""困陷"等关键词，引导受众带入到"祝融号"所面临的生存险境之中，产生好奇心和探索欲：既然如此艰难，那么它是怎么做到的。

此外，火星车这样的主题，尤其适合用拟人化的方式来表现。让受众"成为"火星车，感同身受般地体会"祝融号"的险境。

廖雅琪

选手讲解主题鲜明，导入语将时间（2021年5月15日）、地点（火星）、主角（祝融号）、预设事件（历时92天生存极限挑战）交代清楚。选手知识逻辑清晰，运用提出问题，解决问题思维，有序提出"祝融号"将面临的4个问题：能源从何处获得？如何抵御沙尘暴？在深沟高壑乱石嶙峋火星表面如何安全行走？如何适应昼夜温差极大环境？这就是"祝融号"挑战生存极限要解决的问题。

选手通过描述事实，数据佐证，提供解决方法或方案，表达方式规范，通俗易懂。例如，在火星上获取太阳能可不是件易事（观点），从火星到太阳的平均距离是地球到太阳的平均距离的1.5倍以上（事实），因此火星的太阳辐射能量只有地球的40%左右（数据），"祝融号"火星车专门配备了4个大翅膀、3节砷化钾太阳能电池阵列（解决方案），这种装置可以将光电转化率由16%提高到32%（数据），同时可以被制备成各种形状和结构（解决方案）。选手的讲解，清晰解答了"是什么？""为什么？""怎么做？"。

康 佳

当科普讲解走向舞台、走向荧屏，那么镜头前的形体规范与肢体动作辅助就更显重要。大荧幕会放大表演者细枝末节的小动作与小眼神，选手李虹佳在镜头前的举手投足非常规范标准，放松讲解时的小扣掌、指引大家结合身后画面听科普时的引导手势等，选手将这些肢体动作运用的游刃有余、干脆利落，在画面呈现时能够给观众带来积极的心理暗示，让受众跟随选手的讲解节奏，慢慢揭开"祝融号"科学知识的神秘面纱。

除了肢体动作，面部表情在镜头语言中也尤为重要，面对镜头时真诚的微笑是基础保证，这点李虹佳做得非常到位，温和的表情、简洁的着装与利落的手势动作，让整个讲解作品都非常适宜大众传播，更能走进受众内心。同时，讲解时的表情不是一成不变的，在遇到答疑解惑、克服困难等多种不同情绪时，应相对应转换符合当下情绪的表情，这就对选手在镜头表现力与感染力部分有了更高的要求。

这篇讲解稿内容丰富、科普性强，一篇优质稿件在表达时更要在语言艺术上进行设计，方能在原有的基础上为自己的科普讲解增色。在讲解火星车面临挑战的部分，选手可以在语言节奏上进行设计，使讲解更具有互动性与趣味性，例如加快表达节奏，多使用互动疑问句等。

中国人的"争气机"！

湖南代表队　何娜（汝城县第七中学）

1997年，中国要在秦岭挖一条铁路隧道。按照当时的方法，必须先要炸药崩山，然后再依靠几百上千名工人挖上八九年的时间。是不是有点像神话故事《愚公移山》？

那有没有更快的办法？有，那就是用盾构机。它的出现能够让整个工期的时间缩短至5个月完成。可是，当时的中国盾构机需要从外国进口，两台二手盾构机对方开口就是7个亿，面对漫天要价，中国很无奈，但也只能够咬牙接受，这就是被卡着脖子的感觉。

那究竟什么是盾构机呢？它的全称叫作隧道掘进机，之所以称之为盾构机是因为它主要由"盾"和"构"两个部分组成。其中"盾"指的是前方的刀盘以及盾壳，主要作用是向前突进和防御。而"构"则指的是管片衬砌和注浆，主要作用是构建隧道和加固。这就好比我们在建房子的时候还能够一起做装修，整个工期的时间自然也就缩短了。

可是这盾构机它在地下又是如何工作的呢？盾构机，它在掘进的过程当中前方的泥土会被旋转的刀盘切割并搅碎，随后进入到土舱，土舱内的渣土经螺旋传送机的输送会来到地面的渣土池，其中一部分质量较好的渣土还会被制作成隧道的管片，至此"盾"的任务也就圆满完成了。

接下来将由"构"接手完成管片的拼装。管片会由双头机车运送至连接处，再由拼装机的真空吸盘吊起放入预定的拼装位置，与此同时会有螺栓对其进行连接，以及千斤顶对其进行定位，这样整环的管片拼装也就完成了。为了确保隧道的绝对安全，在掘进的过程中还会用浆液对管片外部与土体之间产生的间隙进行填充，从而形成坚硬的"金钟罩"，以此来保证隧道的严丝合缝，不塌陷。

为了能够扭转被"卡脖子"的局面，2002年中国将隧道掘进列入了"863计划"，成为国家重点工程。虽然起步较晚，但是如今的中国在该领域已经实现了弯道超车。

在我的身后是目前研制出有京剧脸谱的盾构机，名字叫作"京华号"，它在2020

年 9 月 27 日出生于湖南长沙。它的身高是 150 米，相当于 7 节地铁车厢，腰围直径是 16.07 米，比 5 层楼还要高，体重更是高达 4300 吨，约等于 1100 头成年大象，是真正的大国重器。

随着中国基建的影响力在全球范围的不断扩大，中国盾构机已经出口了 30 多个国家，占据整个市场份额的 2/3，目前中国盾构机正成为中国的新名片，是响当当的"争气机"，这就是争气的中国。

))((科普最强音

扫一扫，观看视频

作品赏析

马 莎

这篇讲稿在综合用典、类比、比喻、谐音等多种修辞手法的基础上，运用了文学表达的一个经典技巧——先抑后扬。开篇引入"愚公移山"这一贴切典故，帮助听众调动已有知识储备，准确理解开山挖道的耗时耗力。紧接着，听众或许还停留在"子子孙孙无穷匮也"的感叹之中，骤闻令人震惊的"7 个亿"，又迅速体验到了"被卡着脖子的感觉"。怀着几许无奈乃至愤懑，听众对后续内容产生了强烈的关心和期待，自然能够在介绍盾构机这一知识信息密集的段落保持足够的专注。当然，在严谨细致的大段说明中，演说者也不忘插入"建房子、搞装修"的类比和"金钟罩"的比喻，为听众提供理解的抓手。

完成知识普及之后，从"扭转被卡着脖子的局面"开始，再次运用情感策略：演说者以振作的语调、较快的节奏介绍弯道超车的大国重器、讲述当今的大好形势，引导听众由开篇的低回转为昂扬，最终从心理与认知两个层面完全接纳了题中"争气机"这一谐音设计。作为调动情感的经典技巧，"先抑后扬"在文学写作中有着不可替代的作用，能够引发共鸣、攫取专注，令读者的反应与讲解选手所期待的保持一致。由这篇讲稿可见，这一策略在科普写作的结构设计中也同样有效。

李 钢

这个题目就不错，很能给人以提气的感觉。中国作为举世公认的基建大国，在大量的穿山越岭式的建设过程中，能够实现盾构机"自主自由"是一个很值得关注的成就。从本作品的结构来说，首先就铺陈了当年我国在面临没有盾构机状态下进行开山建设的窘境，接着讲述了我国在采购盾构机过程中被索取高价的无奈，最后呈现了通过自主研发，形成了生产、使用盾构机，大大加快了我国开展基础建设的效率和进程，并且还能形成产品出口能力的历史发展过程。这种按照历史脉络递进的结构，不仅把受众逐渐带入到了我们想要实现的目标中——科普盾构机的相关知识，更是让受众逐渐形成了对这一科技成就的自豪感。

我们说，反差感往往能够让人形成深刻印象，越大的反差，则深刻性越强烈。这种"反差性"在很多的广告作品中都能够看到。本作品也在有意无意之间形成了这种效果，相信能够产生不错的公共传播效果。

廖雅琪

选手讲解主题非常明确，讲解从1997年中国开挖秦岭铁路隧道历史事件导入，引出盾构机这个主角，埋下中国盾构机被卡脖子伏笔。选手通过精心设问，围绕盾构机，提出盾构机概念，解答盾构机工作原理。

选手讲解思路清晰，重点突出，讲解中国解决盾构机被卡脖子困境的举措：2002年中国隧道掘进"863计划"成为国家重点工程，推进中国盾构机生产的进程与速度，如果这里能提及中国第一部盾构机何时生产出来，讲解将更有深度。选手善于举例，并用数据描述了京华号盾构机，京华号盾构机是迄今中国研制的直径最大的盾构机；观点明确，中国生产的盾构机就是争气机，夹叙夹议讲好中国故事。

康 佳 //

如何展现稳健的台风与强大的自信,是每位讲解选手的必修课。选手何娜通过掷地有声的表达与舞台的精准调度两个部分,充分向镜头前的受众传递了自信的气场,这就是对舞台有足够的把握,那么在舞台展示时就会更加游刃有余。选手在讲解稿段落分层时设计了不同的舞台调度。例如,走向舞台中间站定或走向舞台侧边站定,在这个过程中选手步伐稳健、定点准确、动作自然过渡的同时又能展现出挺拔的身姿体态,没有多余动作,每个设计都恰到好处,值得大家学习借鉴。

同时选手何娜在文稿中设计了具有互动性的疑问句,并将疑问语气表达到位,能够调动受众参与思考与回答的积极性。选手将科普知识点拆解到位,每一个知识点都会用先提问再解答的方式传播给大家,这是非常巧妙的长期吸引受众的小设计,同时选手也设计了不同板块的语速节奏的变化,这就不会让整个讲解作品听起来过于一致无起伏波澜,视听上更能带动受众,也能更好达到让科普知识深入人心的目的。

江湖救急——洪水激流该如何自救

应急部代表队　张晓谦（黑龙江省消防救援总队）

据气象部门统计，今年夏天全国多地平均降雨量较常年同期相比偏多一到二成，那么一旦遇到山洪暴发或城市内涝我们该怎么做呢？今天我将用试验的办法告诉大家洪水急流中该如何自救。

一对驴友在登山的过程中突遇山洪，大家可能会选择手挽着手排成一列横排，这样做可靠吗？我们来做一个试验。我们用这些小方块来模拟人体，大的代表男性，小的代表女性，老人或者是儿童，用这桶水来模拟洪水，大家请看这些小方块瞬间就被冲走了。这是因为当人们站成一列横排时，受力面积大压力大，洪水袭来还会在每个人的身后形成一个负压区，此时这个负压区会产生杂乱无章的湍流，使人很难站立。如果我们换一个方式，将这些小方块排成一路的纵队，大的在前，小的在后，情况又会如何？大家请看，这些小方块成功抵御住了洪水，这是因为当人们站成一路纵队时，接触水的面积越小，流体的速度也就越快，根据"伯努利原理"，流体产生的压强也就越小，因此人们所承受的压力也就越小，而且人越多，后面的水流就会变得越来越直，最后一个人身后的负压区也几乎消失了，所以能够站得更稳。

现在，在我身旁您看到的是目前消防员救援队伍在执行水域救援任务时指战员会穿的 PFD 水域救援救生衣，它具有可靠的救生性能和独特的快速解脱系统。但是我们一般家庭里不会配有这么专业的救生衣，一旦涉水又不会游泳的时候该怎么办，今天我将教给大家一个制作简易救生衣的方法，材料也特别简单，就是我们生活中随处可见的矿泉水瓶。

请看，这个就是我们生活中常见的空塑料瓶，一个空的 600 毫升塑料瓶可以提供约 6 牛的浮力，12 个空塑料瓶可以提供约 72 牛的浮力，而一件普通救生衣的浮力大约是 73.5 牛，所以当水位不深，水流不急的时候，我们利用空塑料瓶所制作的简易救生衣，也足够提供一个成年人自救时所需要的浮力了。如何制造呢？首先将瓶子塞在衣服里，然后在衣服外把瓶盖拧紧，有条件的话可以多拧几个瓶子，最后可以用身上的腰带或附近找到的绳子，像视频中这样，将衣服扎紧，这样一件简易的救生衣就制作完成了，是不是很简单呢？

近年来，全国多地发生严重洪涝灾害，河流暴涨，洪水肆虐，村庄被淹，群众受困，洪流中一抹抹橙色的身影与时间赛跑，与恶浪抗争，哪里最危险他们就赶赴哪里，哪里最危险他们就战斗到哪里，消防救援队伍始终坚持"人民至上，生命至上"，为身处险峻的人们送上生的希望。

科普最强音

扫一扫，观看视频

作品赏析

马 莎

在科普工作中，要令人理解原理与概念固然困难，想教人学会实操也并不简单。面对自然灾害，人皆有逃生本能，但科学的逃生操作却往往与人们的本能反应和常识经验相悖。如何纠正错误认知，正是本篇讲稿需要解决的核心问题。为此，演说者采取了非常聪明的教学技巧，即通过可视化的小实验营造现场感。在实验演示中，演说者以手中操作配合身后视频，重在突出实验结果，而将负压区、湍流、伯努利原理、压强等理论部分简要带过。对于听众而言，即使原理部分一时难以理解，实验过程与结果对比总是一望可知的，也足以对以往观念产生强烈的冲击与颠覆。

前半段讲解如何集体自救，后半段则重在个体自救。演说者同样采取了浅谈原理、重在演示的处理方式，细致讲解了用塑料瓶自制救生衣的每一实操步骤，最后还不忘加上一句"是不是很简单呢"，帮助听众释放在身历其境的过程中无意识积累的紧张情绪。

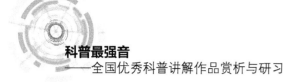

值得一提的是，这篇来自黑龙江省消防救援总队的讲稿有着清晰的写作意图：始终聚焦于普及科学的自救操作，而并不在意能否宣传或树立自我形象。这种真诚之心比任何文字都更具感染力。

李 钢

与大众的日常息息相关，这样的主题选择本身就已经具备了形成良好传播的基础。众所周知，话题与受众越贴近，越容易引发关注。在科学传播过程中，我们应该强调和明确的是：我们的受众究竟是谁。这一点，在当下的自媒体时代尤其重要。很多的作品往往就会存在一个先天的问题，我想说什么就说什么，而不是他们想听什么我说什么。虽然并不是意味着所有的作品都要去迎合大众趣味，因为我们毕竟还要承担起积极引导的责任，但是考虑受众的接受度这一因素，是科学传播者在从事创作过程中首先要思考的问题。

从本作品来看，选手本身从事应急救援工作，讲述"洪水激流该如何自救"这样的主题，无疑具有自身的权威性。这种权威性对于科学传播来说很重要，人们更愿意接受来自专家们的建议。想象一下，院士钟南山告诉你的关于新冠肺炎的知识，和你从网络上道听途说获取的相关信息，哪个更有信服力？

此外，选手在作品的表现上，采用了简单的实验形式，这种和受众的互动方式值得称道，我们所希望达到的效果就是要不仅让对方听到，更让对方做到。

廖雅琪

选手讲解主题明确，洪水激流如何自救？为解答主题，选手分解式讲解怎么自救是可靠的？用科学原理，概念解答为什么？第一步，模拟试验场景，运用对比思维讲解，告知洪水激流中，站队横排不安全，站队纵排可靠；用"伯努利原理"清晰解答为什么站成纵队可靠，因为接触水的面积小，流体速度快，流体产生的压强小，人所承受的压力就小。通过模拟实验，让"伯努利原理"从抽象走向具体，走进人们洪水激流自救中。第二步介绍制作简易救生衣方法，选手用具体数据引出浮力概念，通过浮力概念，引出简易救生衣的制作方法和材料，并结合视频讲解，让听众一目了然。选手提出问题的思维非常清晰，解决问题的方法到位。

选手善于将科学原理、概念与具体事件、具体数据相结合，让听众学习科学，感受科学的力量。

康　佳

当讲解选手需要在公众面前以既定身份出现时，代表的将是一个群体，而非个人，所以当选手在舞台镜头前具有一个职业、身份、人设时，无论是精神面貌、行为动作，还是服装穿戴、专业用词等，都务必贴合角色特征！这项舞台要求，选手张晓谦做到了完美呈现，在服装造型与行礼部分都是非常规范的，将消防人的精气神切实地传递给了广大受众。

选手张晓谦的科普讲解作品加入了现场模拟实验部分，这样的设计让科学知识更加直观地展现给镜头前的观众，也更符合大众在获取信息时猎奇的心理特点，更能吸引眼球，提升受众在听科普时的专注力，非常适用于舞台与镜头的情境。值得学习的是，选手张晓谦并没有因为开展实验需要的舞台肢体动作过多，而让舞台效果变得杂乱无章，反而是井井有条，将每一个肢体动作都做到简洁干脆、恰到好处。通体来看，有趣生动的科学实验、标准规范的舞台形象、稳定松弛的语言表达，相得益彰、配合度极高。

非"笔"寻常

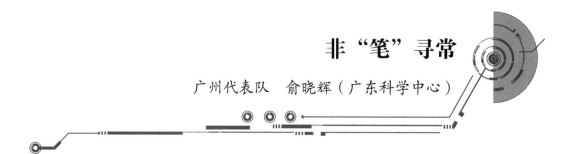

广州代表队　俞晓辉（广东科学中心）

亲爱的朋友们，大家好，初次见面给大家做个自我介绍，我是一支笔，那你们来猜猜我是什么笔呢？铅笔？毛笔？圆珠笔？都不对，我可不是一支普通的笔，我是一支可以去宇宙中书写的"太空笔"。

可能大家会问了，我的小伙伴圆珠笔在太空不能写字吗？他会失灵，在失重的太空，笔管内的油墨不会自动流向笔尖。不信？一起来做个实验，把纸举高，笔尖朝上倒着写，模拟太空的微重力环境，会发现写着写着就写不出来。

那没有墨水的铅笔兄弟总可以，他也不行，他有时会来捣乱，他的笔芯是易导电的石墨，写字时细细的石墨粉会四处漂浮，可能会引起电子设备短路引发火灾，甚至导致航天器爆炸，无疑是个潜在的"定时炸弹"。

那怎么办呢？最后还得由我出马，我的外观看着普通，但我的内在却是满满的料。

看，这是我的"芯"设计，全密封式气压设计，与外部完全隔绝，内部更是大有乾坤，笔芯的尾部冲入的是压缩氮气，这是我装油墨的地方，油墨氮气中间还有一个能够滑动的小圆球把它们分开。我的笔尖采用的是超硬碳化钨，硬度媲美金刚石，牢牢地嵌在笔头，不易掉落。怎么样，这样的"芯"设计你们见过吗？

这是"芯"被切开后的样子，浓浓的油墨快速往外冒，背后是压缩的氮气在助力，没了重力就找氮气来帮忙挤出我体内的油墨，这还真是一个好办法，写字时笔尖与纸张摩擦会产生热量，造成内部气压失衡，上部的氮气压力就会将油墨挤向笔尖。

但是，普通的油墨在不写字时，有时会不由自主地跑出来！怎么办呢，这就要靠我肚子里不一般的墨水，他是一种高黏度特制油墨，内部加入了树脂，黏性超强，不易掉色，还能防止墨水从里面偷跑出来，静止时安静躺在笔芯里，像一种黏度很高的果冻状物质，只有在笔尖的圆珠滚动写字时，我的特制油墨才会化身为墨水，实现书写。

有了"芯"设计和肚子里不一般的墨水，小小的我可以上天入地下海。倒着写、水中写、油中写，完全适应零下30多摄氏度到高温100多摄氏度的气温变化，实打实的万用笔。

大家别看我个头小，我可是中国自主研发出来的本土儿，是中国自主创新之路上结出的一颗饱满的果实，是中国航天员的得力助手，更是中国航天事业进步的见证者，未来我将不断书写新的太空传奇。

科普最强音

扫一扫，观看视频

作品赏析

马 莎

　　这篇讲稿的修辞特征非常鲜明，即以物拟人，并全文运用第一人称视角。从第一句开始，讲解选手便完全隐身，第一人称视角使"太空笔"成为一个独立的人物形象，与听众建立了直接交流。而要在特定语境中树立这样一个拟人化角色，获得受众信任，最重要的是铺设能够反映其个性的生动细节，这在本篇讲稿中表现为"太空笔"对种种高科技特性的自述。随着"它"的侃侃而谈，从气压、笔芯、笔尖，到氮气助力、特殊墨水，详密的科技信息和自信的语气共同构成了说服力，为这个角色赋予了丰富的内在生命。

　　诚如黑格尔所言，作为最古老的修辞手法之一，拟人是人类在艺术创作中将精神力量和品格外化，从而确证和规范自身的重要手段。也即是说，以物拟人，既是在表现"物"，也是在投射"人"；拟人化角色的个性与言行，往往与更为宏大的主题紧密相连。这篇讲稿正是如此，"未来我还将不断书写新的太空传奇"，恰是"太空笔"代表每一位航天科技建设者发表的宣言。

李 钢

　　这一航天科技主题的作品不是老套的关注火箭、发动机、轨道、航天员之类的"大"话题，而是聚焦在了一个让人意想不到的细微处：在太空中用什么样的笔进行书写？在太空中写字和在地面上写字有何不同？恐怕大多数人，哪怕是那些航天航空爱好者也都没有想过这两个问题。能够在选题上做到"意想不到"，作品应该说就已经成功了一半。

　　跟随着选手的节奏，我们开始了一场关于"笔"的旅程：与外界完全隔绝的气压式设计、笔芯内部充入的压缩氮气、金刚石级硬度的碳化钨笔尖、内部加入树脂的高黏度特制油墨，可以上天、入地、下海，倒着写、水中写、油中写，零下30摄氏度到高温100多摄氏度……

　　从内容上看，也让受众惊喜不断：没想到，一支笔中，竟然有如此多的巧思和高科技。这个时候，作为观众的你，会不会冒出这样一个念头：这么好的产品，我是否可以拥有？网购链接能不能给一个呢？

　　没错，我们在做公益性的科学传播的时候，也可以从商业性传播中汲取一点方法和理念。商业性传播在研究受众心理、如何提供情绪价值等方面都有值得称道和借鉴的地方。多给人惊喜，多让人意想不到，我们的作品就成功了。

廖雅琪

　　选手善用设问，反问和疑问，以问题引导听众思维，在解答问题的思维互动活动中，讲解太空笔的新设计新材料。导入语开门见山，直接点题，引出太空笔概念；通过第一个设问，列出三种笔，埋下对比素材。拓展语，通过试验演示，解答圆珠笔油墨存在的问题，回答第二个设问，为新材料出现做好铺垫。第三个设问，引出铅笔芯石墨的问题，为太空笔新设计、新材料讲解做充分对比铺垫。

　　选手运用提出问题，解答问题思维，围绕问题，剥洋葱式的讲解太空笔新设计，全密封式气压设计，体现在笔芯，笔尖部分；讲解新材料特质油墨，讲解一气呵成。选手表达方式上多样化，拟人化，同类对比，实验演示等。讲解语言生动，把太空笔讲活了。

康 佳

　　想让自己的科普讲解作品快速吸引眼球并更具有记忆点，那么建立一个突出的"人设"可以算得上是一个不错的小方法。选手就巧妙地将主讲第一视角定为了她的科普主角——一支太空笔，这样的拟人设计快速拉近了讲解者与受众之间的心理距离，也拓宽了此科普讲解作品的受众年龄层，老少皆宜。拟人的角色加上动听的音色，让受众真正地记住科普知识点，同时让受众也具备了科普传播的能力。

　　选手俞晓辉在讲解时的语言表达习惯值得学习，习惯性的句尾字词音色上扬，能够让表达听起来更具备积极性，这样的语言表达是愉悦的轻松的，同时也是能够吸引受众的。除了句尾上扬，选手在表达时的重音设计也值得重点关注，在文稿中将特定字词进行标注，并在表达时加强该字词的音量与分量，这样做可以协助选手在讲解时使重点更加突出，受众听起来也更易于理解科普内容。

中国计划

重庆代表队　俞浩宏（聂荣臻元帅陈列馆）

电，如今我们对它的依赖程度，已经不亚于水和空气。随着用电量的激增，世界各国都在急切探寻更加清洁、持久、高效的电能供应。为此，我国科学家大胆提出一个"中国计划"！就是在离地 3.6 万公里的地球静止轨道，建设空间太阳能电站。

太空里建电站？地上多建一些不就行了吗？

那可不一样，因为这里的太阳辐射，既不受天气影响，也没有大气层削弱，最关键的是：每年只有春分、秋分前后约 90 小时里，太阳辐射会因地球公转而被遮蔽。太空里每平方米太阳能板最高发电功率可达 14 千瓦，而地面顶多 0.4 千瓦。经推算，仅 2 平方公里太阳能板的年发电量就和三峡电站不分上下。这效果，是不是一个在天、一个在地呢？

发电效率虽然高，但如何完成这庞大的太空基建呢？

其实难度最大的运载和搭建，中国航天已经有了准备。正在研制的"长征 9 号"，近地轨道运载能力达百吨，可将物料分批送上太空；另外，我们掌握的太空机械臂技术，能够帮助宇航员完成搭建。

电站建好了，可电又怎么回传呢，总不能拉根电线吧？

解决的办法是采用微波无线传输，就是把电能转换成射频微波，并以特定频率传回地面接收站，最后又转换成电能并入电网。听上去很科幻，其实技术雏形已经有了，2021 年，我国就成功完成了把微波转换成交流电的实验。大胆设想，未来，等解决了传输距离、效率和安全问题，那么地上跑的、天上飞的、海里游的、深空探索的所有交通工具甚至我们的手机，都不必再考虑电的问题。

聊到这里，大家是不是更关心这计划什么时候能实现呢？

2021 年 6 月，全国首个空间太阳能电站实验基地在重庆璧山开工建设，总投资 26

亿元。预计 2025 年将在平流层建成小规模电站，随之开展更大规模的系统工作。

太阳的无限能量，是大自然给予人类最大的馈赠，而目前对它的利用率却只有亿万分之一。因此，空间太阳能电站这个宏伟的"中国计划"，不仅是为全球电力问题贡献的"中国方案"，更是为实现"人类命运共同体"，实实在在付诸的"中国行动"，让我们共同期待！

科普最强音

扫一扫，观看视频

作品赏析

马 莎

这篇讲稿介绍了空间太阳能电站的建设，这自然并非是人尽皆知的话题，但听完讲解，相信大多数人都会有一种心神激荡、悠然神往的感受，这是为什么呢？因为除了科学层面的意义，太阳、太空、宇宙，这些词汇在古今中外的文学、哲学文本中反复出现，早已成为某种象征符号，能够迅速触发受众的直觉经验，从而牵动某种情感、哲思或联想。诚然，作为语言符号，其所具的象征意涵通常并非简单明了的，往往赋予读者极大的阐释空间，鼓励不同的，甚至是冲突的阐释角度。正是在这个基础上，对于拥有象征联想力的听众而言，科学与人文完全可以因特定符号而撞出别样的火花——事实上，从《夸父逐日》《嫦娥奔月》等古老神话，到《星际迷航》《银河界区》等现代科幻，文学作品中从未停止对驰骋宇宙的向往，而曾经的诸多幻想也在日新月异的科技发展中逐一成为现实。所谓"外师造化，中得心源"，对未知世界的好奇与幻想，又何尝不是一种引领行动和信念的心源所在呢？向内探求自我，向外探索宇宙，本是一体之两面，在不同维度上体现了人类的智慧与勇气。

回到这篇讲稿，只需平铺直叙、条理明晰地把空间太阳能电站的效率优势、建造方法、传输技术、国家价值和全球影响力等问题讲解清楚，无须雕饰，毋庸

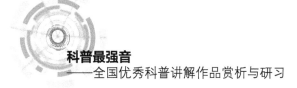

赘述，其意义早已伏脉于绵长的文明传承之中，深深烙印在人们心里。

李 钢

"中国计划"充满着科幻感。我们知道，随着人类社会的发展，对于能源的需求量越来越高。而与此同时，化石能源的逐渐枯竭和带来的碳排放、环境污染等问题，也给人类社会的进一步发展带来了危机。

面对危机，中国的科学家们提出了一个大胆而可行的方案：在太空中建设空间太阳能电站。科幻作品如今在国内越来越受到追捧，究其原因，科幻作品充满了想象力。所谓的硬科幻，是具有一定的科学原理作为支撑，通过作者的想象力进行加工，构建的一个超现实的世界。

而我们的科学传播作品，往往强调的是准确性，"想象"很可能导致信息的失真。但是，我们并非不能尝试着在两者之间实现某种程度上的融合，而"中国计划"这一作品应该被看作是这种尝试的一个案例。

科学家能够有底气提出这样一个方案，那肯定是有着科学的依据和技术上的可行性。而对于这两者的描述，则是我们在对"中国计划"做科学传播的重点所在。这样，我们就从想象中回到了现实，让大众从"想象"中产生期待，从"现实"中产生信心。

廖雅琪

选手运用提出问题，解决问题思维，善于设问，以一连串的问题，层层推进讲解活动；以小见大，从每一个小问题中体现宏大的"中国计划"的科技内涵。导入语，开门见山，直接告知，"中国计划"就是中国在地球静止轨道建设空间太阳能电站。拓展语，以问题为切入口，将"中国计划"娓娓道来：为什么要建设空间太阳能电站？对比三峡水电站，用预测数据突出太空电站年发电量的优势，对比鲜明。电站如何高难度搭建？中国航空提供专业技术支持，有国家实力底气和高科技内涵。电站回传电的方式是什么？微波无线传输，2021年中国已经完成把微波转换成交流电的试验；试验成功，将开启微波无线传输新阶段。中国计划何时实现？2021年中国首个空间太阳能试验基地开始建设，2025年将在平流层建成小规模电站。

选手通过设问互动，引导听众思维；准确使用专业名词，善用数据佐证，将"中国计划"时间节点等清晰传达。

康 佳

选手俞浩宏整体形象与背景视频高度契合，专业感强，具有说服力。选手的选题"中国计划"直接将科普讲解的格局拉至国家层面，这可以看出，选手不仅熟悉自己的专业领域，同时对国家的规划十分关注，能够将这种大计划在短时间内"讲清楚"，十分难能可贵。选手俞浩宏的舞台服饰造型、文稿内容、背景配乐及整体风格的设计偏向于严肃庄重，更具备专业性。

同时，此讲解作品的背景视频设计非常亮眼，从科技感十足的模拟电能传输图，到实拍与特效相结合的演示图，背景视频配合着选手的语言表达，让观众快速地对无形的"电能传输"有了一个有形的认识，让观众快速理解科普知识点。同时，选手无须刻意追求音色的质感，这可能会影响到讲解的整体性，"讲解"的重点是讲明、讲述，过于追求播读的形式会影响与观众的交流感，从而产生距离，无法与观众建立互动。

单兵口粮，吃出胜利

军队代表队　　刘宇翔（陆军炮兵防空兵学院）

观众朋友们，看我这身装扮，估计有的朋友已经饿了，今天我就当个军营美食主播，来给大家带点硬货，不要划走，点个小红心支持一下。

所谓"人是铁饭是钢"，但对于我们军人来讲吃饭可是技术活，要想吃得饱吃得好，强烈推荐单兵口粮不能少。口粮的种类有很多，今天我就着重地给大家推荐两款。

下面我们来看第一款明星产品，最大的卖点——顶饿。我手上拿的这块就是大名鼎鼎的"多维能量棒"，别看它身材小，这么多的口粮里就数它最管饱。看弹幕，我们有同志问了，凭啥，压缩饼干不是也管饱吗？这和压缩饼干可是有差别的，我们先来看配料表，两者都含有大量的淀粉，但是这多维能量棒里面的淀粉，可是采用了分子生物技术，科研人员预先将淀粉中的葡萄糖分成了不同的长度，战士们食用后人体会按照从短链到长链的顺序依次吸收，这样一来不仅提高人体对食物的吸收率，更能使战士们在携带较少的补给的情况下维持长时间的能量供应，光是这一块就能够提供589大卡的热量，相当于吃了整整5碗米饭。

解决了吃得饱的问题，接下来这件引流爆款一定能让您吃得好，它的名字叫作单兵自热食品，表面的哑光设计让它在野外隐蔽性更强，然而低调的外表下却是它丰富的内涵，它实现了野战食品的餐谱化，这样一袋就是一个餐谱，每一个餐谱都是由科研人员精心设计合理的搭配，光是这17式单兵食品就有6种餐谱、8种主食、22种副食。我看弹幕有同志开始好奇了，这里面到底有什么？别急，您听我给您报个菜名，这里有：梨罐头、芝麻饼、爽口榨菜牛肉、杧果干、口香糖、高纤果蔬咀嚼片、巧克力、煲仔饭、鲜脆黄瓜、白面条、蛋白棒、沙茶酱、海鲜咖喱蛋花汤。我这一口气还没有给您报得完，包含如此多的菜品，不仅能让您吃得舒舒服服，关键还能让您吃得热热乎乎，这就要归功于这种无火焰加热片的加热装置，不仅无明火，而且体积小，里面的金属粉末更是被加工到纳米级，能够在单位时间内释放出大量的热量，即使在冰天雪地里，战士仅需 10 分钟便能将 8 倍加热器质量的食品升温至 75 摄氏度，从而吃上那一口心心念念的热食。

同志们常讲好的伙食能顶上半个指导员，餐食虽小但科技十足。从长津湖的冻土豆到如今的单兵自热食品，不变的是打赢的信心，变的是日益强大的国防科技带来的保障能力的提升。

我是讲解员刘宇翔，我为单兵口粮代言，下一次我将为大家带来宇航员的太空食品，记得点赞关注不迷路。

科普最强音

扫一扫，观看视频

作品赏析

马 莎

相对前面几篇而言，这篇讲稿的内容既不像火星车、太空笔、太阳能那样立足高精尖科技，天然令人仰望；也不像石油转化、山洪自救、低空风怪那样多少与现实生活有所联系，自然引人关注。部队里的单兵口粮，是个与普通人有一定距离的话题，要如何激发听众兴趣，同时完成普及生物技术、食品科学知识的任务呢？

这篇讲稿的处理方式颇具启示性：从演说者以美食主播形象出场并娴熟喊出"不要划走"开始，听众心情便为之一松，由相对严肃的"学习科普讲解"，转入了兴味盎然的"观看带货视频"；弹幕也显著活跃起来，各种"上货上货""买它买它"的互动飘过，充分表明大家对于这一幽默设定的认可与喜爱。在这样轻快的氛围中，演说者绘声绘色地介绍了多维能量棒和单兵自热食品，甚至还用上了相声贯口报菜名，结尾一句"点赞关注不迷路"，把带货人设坚持到底。一个本来可能有点无趣的话题，因为打造了特定的氛围感，由始至终展现得十分欢乐，取得了极佳的现场效果。

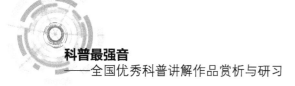

所谓"演说"，不仅要"说"，有时也离不开"演"。所谓"科普"，不仅要重视"科学"的传播，也必须考虑"普及"的效果。这篇讲稿无疑是一个令人印象深刻的成功例子。

李 钢

本作品可谓是将两大热门领域"军事""美食"结合在了一起，形成了一部颇为成功的科学传播作品。军事题材往往会关注装备性能和技术含量，此种题材阳刚味十足，充满着男性荷尔蒙。而美食题材，往往挑动味蕾，充满生活气。

本作品就提出了一个问题：军营之中有美食么？难道不是压缩饼干、罐头那些东西么？而答案是，军营不仅有美食，而且，这些美食的背后，都是有着高科技技术的加持。分子生物技术让"多维能量棒"的营养吸收率远远超过了压缩饼干。在一份"单兵自热食品"包中，居然包装有6种餐谱、8种主食和22种副食，纳米级的无火焰加热片装置更是能够让战士们在短时间内吃到热饭热菜。作品中提供的这些内容都让人恍然大悟，原来，军营不仅有美食，而且美食背后的科技含量更是满满。这种由热门话题来凸显国防科技水平不断提高的主题，值得点赞、收藏，并关注。

廖雅琪

讲解词题目中的单兵口粮，是讲解重点。选手在拓展语部分，对单兵口粮中的多维能量棒、单兵自热食品，进行充分的讲解。选手从吃饱问题开始，设问推进讲解，多维能量棒为什么能吃饱？选择压缩饼干作为对比食品，讲解多维能量棒的能量吸收原理，从短链到长链依次吸收；因此，多维能量棒可以提高人体对食物的吸收率，维持长时间能量供应。单兵自热食品实现野战食品餐谱化，丰富野战食品营养，是吃好问题；实现吃好的关键是科研人员精心研制食谱。而无火焰加热片自热装置，是现代纳米材料加持产品，助力野战食品餐谱化落地，为军

人提供战斗力支持。

选手采用直播带货方式讲解，语言生动，互动较好。

康 佳

从作品整体呈现来看，选手刘宇翔的舞台表演、服装造型的设计和动作走位的设置都很有创意，能够挖掘吸引观众的眼球。选手运用实物讲解的方式让受众更清晰直白地理解科普内容，这也使得该科普讲解作品可以被称为一部优秀的传播作品。选手口齿清晰，个性鲜明，表演精彩，在稿件和作品的设置上，选手以"直播主播"的角色出现，是注重贴合热点的创新。

同时，选手在讲解中应关注到艺术性的表演表达，这样会使作品更具记忆点，同时要始终坚持"科普"的第一原则，节目的形式与内容是围绕"科普"而设计的，文稿的深度更为重要。此外，当我们在对一个作品进行视频化传播的时候，首先要保证的就是画面和声音的清晰，当一部以影音形式传播的视频作品声音不清，语音不明，其传播效果将大打折扣。

天有可测风云

广东代表队　皮婉楷（广东省江门市气象局）

2021年7月1日央视播出的《天气预报》节目当中公布了一张卫星云图，在这张云图上天山的积雪，青藏高原的湖泊，河套地区的地表纹理，以及东北华北区域上空的对流云团全部都清晰可见，这张云图的摄影师就是2021年6月3日成功发射的风云四号B星，我国新一代静止轨道气象卫星的首发业务星。

今天来说一说这位新晋"摄影师"都有什么过人之处。

首先想请大家想一想，一分钟你能做些什么？看一页书，背几个单词，就在刚刚我说话的一分钟时间里风云四号B星已经对地球上1/3的区域进行了一次观测成像，获取高时间分辨率的观测数据是风云四号B星的首要任务，它所搭载的快速成像仪是世界上首台昼夜高频次成像仪器，可以提供小于一分钟间隔的全天连续监测数据，让人们看到分钟级风起云涌的过程，真正实现哪里有灾害就能迅速地看哪里的目标。除了拍照快还要看得清，强对流天气对于预报员来说一直都是一个大的难题，因为它们来得快去得快，所有的心思绝不会让人一眼看穿，需要通过不同的镜片才能够看得清楚。风云四号B星所搭载的静止轨道辐射成像仪，在A星14个探测通道的基础上新增了一个水汽探测通道，可以捕捉到我们人眼难以捕捉的大气温湿度廓线信息，就好像给大气做了一个三维CT，提示未来几小时哪些区域有可能会发生强对流的天气，而且还能够动态监测龙卷风中小尺度的天气气候。

又想拍得快，又想看得清，反应自然不能慢。风云四号B星身处在地球赤道上空35 800公里的高空当中，35 800公里是一个怎样的概念呢？现在从我们的脚下出发，到达美国本土的距离是1.4万公里左右，而整个地球赤道的周长也不过只有4万公里。风云四号B星在35 800公里的高空当中，却能够精准地捕捉到地面0.05摄氏度的气温变化，并且它所探测到的数据与真实的数据之间误差不会超过0.5摄氏度，更值得一提的是前面我所说到的过人之处全都是我国自主研发的，经过多年的自主创新，截至 2022 年，我国已经成功发射了 19 颗风云气象卫星，为 124 个国家和地区提供气象资料和气象服务。就在前不久，2022 年 12 月 1 日，风云四号 B 星已经正式地投入了业务运行，与 A 星双星组网，将会进一步满足"一带一路"沿线国家和地区对于气象监测预报以及应急防灾减灾的需求。

"行程万里，初心如一"，气象高质量，建设气象强国的美好图景正徐徐铺展在浩然天地间。

科普最强音

扫一扫，观看视频

作品赏析

马 莎

从文体的角度观察，这篇演说有其独特气质，若要进行类比，则学术论文是最具可比性的对象。讲稿采取了学术论文常用的平行结构来说明新一代静止轨道气象卫星的 3 个过人之处：高频次快速成像、肉眼难以企及的清晰度、精准捕捉且误差极小。最后强调这 3 个优势都是我国自主研发，并简要介绍现有成绩。全篇对于术语和数据的说明也与学术论文相似，呈现出简明畅达、详略得当、如水般清澈的整体风格，尽管也使用了"摄影师"、强对流天气的"心思"等拟人修辞，但所占比重极小。

之所以如此，或许是因为其中所涉气象、气温、距离、高度等概念相对而言理解障碍不大，宜于采取较为写实的说明策略；但风格的选择无疑也体现了撰稿人的思维个性，学术性胜过文学性，实际上是对逻辑水平提出了更高的要求。诚所谓一切表达的背后都是思维，严密、规整、精确，这正是科学思维的迷人之处。

李　钢

　　讲解者本身应该是气象预报员，因为整部作品看下来给人的观感就是在做一场气象预报，只不过并不是在讲明后天的天气情况，而是在介绍气象卫星。借用大众耳熟能详的模式并不是不能用，而是要用得好。所以，问题还是得在内容上去找。

　　首先，标题起得不错，"改"了一下俗语，这种做法在新闻报道中比较常见，能够直观地让受众产生疑问，为什么这么说？这就形成了好奇心。

　　整个作品对气象卫星的相关性能和参数做了介绍，但情感色彩却有点欠缺，能不能介绍一个充分发挥了风云四号卫星作用的案例呢？譬如，卫星具有捕捉到地面0.05摄氏度的温度变化的能力，这么强大的能力，究竟在哪些气候灾害发生之前提供了预测预报甚至预警？好的科学传播作品，一定要强调有着能让人发出惊叹的特性，而不是强调面面俱到。千万别追求面面俱到，切记！

廖雅琪

　　讲解词题目新颖且有内在思考力，启发听众思维，天有不测风云，是人们的常识；而天有可测风云则是突破常识。导入语，开门见山，直接点题。选手讲解思路非常清晰：为什么天有可测风云？因为有云图摄影师（风云四号B星）；为什么云图摄影师可测风云？因为他拍照超快，高清，精准；云图摄影师的过人之处源于什么？源于中国自主创新，自主研发；服务全国气象，服务"一带一路"，建设气象强国。

　　选手精心设问，引导听众思维，有序推进讲解活动。拓展语从一张卫星云图开始，讲风云四号B星这位云图摄影师的过人之处：第一个设问，一分钟你能做些什么？引出快速成像仪观测能力超快，静止轨道辐射成像仪新增水汽探测通道，具有高清拍摄功能；第二个设问，35 800公里是一个怎样的概念？引出精准拍照功能，超快，高清，精准拍摄的设备都是中国自主创新的成果。选手善于将抽象的专业术语与具体的数据结合，把科学知识讲明白，拟人化，讲解语言生动。

康 佳 //

　　选手皮婉楷的舞台状态稳定、自然，舞台肢体动作设计简洁、准确，舞台形象姣好，整体呈现的科普讲解样态与舞台综合表现亮眼、突出。选手对于风云四号B气象卫星的特点解说条理清晰、层层递进，能够引导受众一同解密知识点，例如，"一分钟可以做些什么"类比"背几个单词""看一页书"，这种深入浅出的科普讲解方式，能够快速拉近讲解者与受众的心理距离，同时也让作品更具有传播性。

　　选手的语言色彩是吸引力的关键，语言的传播三分靠声音，七分靠情绪。过于平缓的讲述方式，虽能显现出理性与权威，但可能会缺少趣味性与互动性，将"讲解"变成了"播读"，那么舞台效果将会稍显乏味。舞台亲和力、对象感与交流感是选手们应多多关注并进行设计的重要板块。

走进量子保密通信京沪干线

安徽代表队　赵曼宇（中国科学技术大学先进技术研究院）

　　欢迎来到量子保密通信京沪干线的总控中心，作为世界上首条量子保密通信干线，它从 2014 年开始建设，突破了高速量子密钥分发、可信中继传输和大规模量子网络管控监控等系列工程化实现的关键技术，主要承载重要信息的保密传输。

　　2017 年 9 月京沪干线正式开通，它和 2016 年 8 月发射成功的世界上首颗量子科学实验卫星"墨子号"，一起为中国在全球率先构建出首个天地一体化广域量子通信网络雏形，为实现覆盖全球的量子保密通信网络迈出了坚实的一步。

　　在这条天地链路上，京沪干线覆盖的面积从北京到上海，光纤总长 2000 多公里；又通过"墨子号"卫星连到乌鲁木齐，横跨 2600 多公里，被称为"跨越 4600 公里的天地一体化量子通信网络"，科学家们还通过这条天地链路与奥地利地面站的卫星（进行）量子通信，实现了世界首次洲际量子保密通信。

　　过去，我们秘密传递一句话，可以把这句话中的每一个字放入一个盒子里，当接收者按顺序收到并打开盒子，就可以获知完整的一句话。可是，窃密者可以通过取出盒子悄悄阅读盒子里的内容，再放回去或者制造一个同样的盒子来替换信息。这时，信息的接收方却不会知道信息已被窃取甚至被替换。

　　为了解决这个问题，科学家们把信息加载到单个光子的振动方向上，由于单光子是能量最小的组成单元，不可再被分割，并且依据量子不可克隆定律，其状态也无法被精确复制，任何窃听行为都会造成扰动，从而可被通信双方察觉并进行规避。这就决定了量子保密通信是无条件安全的。也正因如此，量子通信被看作目前最为安全的信息传输手段之一。

　　由于在远距离通信中，单个光子很容易被光纤吸收或散射，所以每隔一段距离，就要建设一个可信中继站，确保信息的传输，同时各个站点之间由量子密钥生成系统来生成密钥，对传输的信息进行加密，这些站点之间的密钥不断传输，就构成了整条量子保密通信干线。

在这个总控中心，大家可以看到整个通信网络覆盖了32个节点，其中包括北京、济南、合肥和上海4个量子城域网，目前已经开始为金融、电力、政务等行业的150多家用户提供保密通信服务。这些应用，验证了"京沪干线"可以抵御所有已知的量子黑客攻击方案。

未来，"京沪干线"将推动量子通信在更多领域的应用，逐步建立完整的量子通信产业链和下一代国家主权信息安全生态系统，最终构建基于量子通信安全保障的量子互联网。

量子通信应用的大幕，正由中国和世界各地的科学家们一起徐徐拉开。让我们一起迎接更加有趣的量子未来。

))) 科普最强音

扫一扫，观看视频

作品赏析

马 莎

量子光学研究在我国起步较晚，但在科研人员的努力下后发先至，取得了一系列量子通信实用化的突破性成果：全球首颗量子科学实验卫星"墨子号"，结合全球首条量子保密通信干线，构建出跨越4600公里的天地一体化保密通信网络、进行第一次洲际量子保密通信等，都是令世界为之瞩目的辉煌。不过，面对这些堪称经天纬地的成就，这篇讲稿却表现得极其克制，简要介绍之后，便把重点转向了说明具体的科学问题，依次为听众细致讲解了量子保密具有无条件安全性的原理、如何用中继站保证信息传输、量子通信干线现有的规模和应用领域。

毋庸讳言，即使演说者已使用卫星模型和视频演示作为辅助，对大众而言，这篇讲稿仍是有理解难度的：量子信息技术属于前沿科学研究，保密通信问题也距离生活较为遥远，其中指涉的大量专业术语和原理更是颇具神秘性。尽管如此，听众却能充分感知到其中的可敬之处：冒着牺牲现场效果的风险，坚持科普讲解

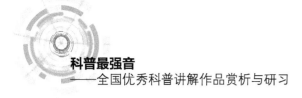

的初心，对成就并不表功，对困难毫不回避。这是对听众智识的尊重，体现了科研工作者迎难而上的原则，也正是科技得以进步的根源所在。

李 钢

量子通信这样的前沿科研话题，要让受众真正理解，难度较大，这也是对参赛选手的一个挑战。

之所以要强调"科学地"进行科学传播，是因为考虑到受众处于不同的接收场景之下这一关键因素。譬如，学生在课堂、参观者在展示厅的场景下，受众已经来到并且做好准备接受相关的信息。而大众传播的难点在于，受众的注意力有很多的选择，无论是在互联网上、手机上，还是在城市的公共广告牌上，注意力很容易跳跃而不集中，那么你创作的内容如何从中脱颖而出，就有很多的功夫要下。

从作品的内容来看，对于量子通信的介绍比较详细，给人以面面俱到的感觉。但是建议在"面面俱到"的同时，可以玩点"花活"，譬如，假想遭遇黑客攻击，量子通信技术与传统通信技术在防御上究竟有何不同？这样会显得更加吸引人。

不要假设大家对你的话题有兴趣，而是要假设大家都没有兴趣，而你的目的就是让不明白的人听明白，让不感兴趣的人感兴趣。这才是我们要追求的目标。

廖雅琪

选手讲解主题明确，讲解思路清晰，从重大工程展示开启讲解序幕，从信息保密小概念切入讲解。开篇，围绕量子保密通信核心概念，展示全球首条量子保密干线启动建设，京沪干线开通，构建全球首个一体化广域量子密钥分发网络雏形等重大工程。

选手专业概念解答准确，围绕信息保密，陈述传统信息保密方法存在被窃取的问题，介绍科学家解决这个问题的方法，讲解单光子，量子不可克隆定律概念，讲解可信中继站建设，讲解重点突出；通过核心概念知识讲解，回答了是什么？

为什么？怎么做？引导听众学习量子保密通信科学知识。选手运用新旧保密方法对比，具体数据解答，推广京沪干线应用成效：应用于我国政务、金融、交通、海关等领域，科技服务见成效。让京沪干线从抽象工程概念走向科技应用，引导听众走进科技。

康 佳

选手赵曼宇的舞台形象与舞台设计高度契合统一，在视听呈现上带给受众赏心悦目的感受。选手台风稳健，PPT与讲解语言、文稿示例、实验互动搭配得当，讲解语速节奏轻快，亲和力强，能让观众简洁明了地理解"量子保密通信"。同时，PPT中视频的形式设计将观众带入到了量子保密通信京沪干线的总控中心，让观众对量子通信有了更直观的实物性认识，让"量子通信"从一个遥远的概念，变成身临其境的了解和学习。

从语言表达艺术板块来看，选手的口齿清晰，重音明确，能够自如地表达自己的所思所想，特别是对于"量子保密通信"这个对普通受众来说比较"高精尖"的词语来说，能够深入浅出地讲明其的意义和作用。同时，作品想要增加传播性，就需更加注重全息化表达，选手需增加舞台副语言，如设计与本人形象、场景特点相符合的肢体语言动作，从而使舞台效果更加丰富。

把 "Eye" 点亮

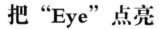

四川代表队　　潘倩（达州市中西医结合医院）

生活中许多朋友都有滴眼药的经历，您真的会滴吗？

眼药水哪个点不来嘛？眼睛一睁一闭就点进去了，这还需要教吗？

别急，听我慢慢道来。

据调查，90% 的朋友滴眼药的方法都是不正确的，这其中有没有你呢？未清洗的手、接触桌面的盖口、接触睫毛的瓶口，都可能成为细菌入侵眼球的桥梁。眼药滴在内、外眼角，或直接滴在黑眼仁上等错误的方法不但影响治疗效果，还会损伤角膜，甚至造成眼睛感染。现在你们还觉得滴眼药水是件简单的小事吗？

啊？那我那么多年的眼药水都滴错了，那你说眼药水该怎么滴呢？

别急，我们先来看眼睛表面的基本结构。它分为眼睑、角膜和结膜，当我们扒开下眼睑时会看到一个结构，是什么呢？敲重点！结膜囊！这儿就是眼药水要安家的地方。滴眼药之前我们还要注意查看眼药说明书，核对眼药名称，查看是否在有效期内，有无混浊、沉淀、变质等现象。

现在我们就来看眼药水到底该怎么点呢？第一步：洗。一定要将双手清洗干净，防止交叉感染。第二步：开。打开眼药水，注意手千万不可触及瓶口，瓶盖也应朝上放置，以防污染眼药。第三步：挤。滴眼药之前，应挤出 1～2 滴眼液冲刷瓶口。第四步：看。可以取仰卧位或者坐位，抬头向上看，这个动作可以避免眼药因重力作用刺激角膜而引起损伤。第五步：扒。用手指轻轻扒开下眼睑，充分暴露结膜囊。第六步：滴。这可是滴眼药水的重头戏，顾名思义眼药水就正式在结膜囊安家了。注意眼药瓶口应距离眼睛上方 2～3 厘米，以防瓶口触及睫毛或眼睑，从而污染眼药。那每次滴多少呢？回答是一滴即可。第七步，擦。我们可用干净纸巾或无菌棉签擦拭溢出的眼液。最后一步：压。滴完眼药后我们要轻闭双眼，这一步就是需要咱们按压 1～2 分钟的泪囊区，它是连接眼睛、鼻腔、口腔的一个通道，按压此处不但可以减少药物流失，还可以降低药物的毒副作用。

小小的眼药水，这么多的讲究，今天我总算学会了，好的好的，我以后就这样点就这样点。

你以为这样就结束了吗？并没有，请看注意事项。今天由于时间关系，咱就送您3个字"遵医嘱"。

最后，我们再一起来回顾滴眼药水的正确方法吧。"一洗二开三挤压，四看五扒六滴下，七擦八压OK啦"，您学会了吗？观天下，辨秋毫，正确滴眼很重要。健康中国，把"Eye"点亮，愿我们迎着科学之光温暖前行！

科普最强音

扫一扫，观看视频

作品赏析

马 莎

文体学研究认为，不同种类的文体之间往往是有机互动、彼此影响的，小说可以衍生诗词，诗词可以敷演戏剧，写诗的技巧可以入词，作文的思路可以为诗，这便是文体演进中的互生现象。事实上，文体互生并不仅仅出现在文学领域，也体现在非文学文体与文学文体之间。以演说稿为例，就功能而言具有教育性、宣传性、鼓动性，属于应用型文体；就效果而言又往往需要表现出充分的情感、趣味、感染力，因而也常借鉴文学文体，运用丰富的修辞技巧，呈现出强烈的文学性和戏剧性。这篇讲解的设计方式便充分体现了戏剧特征：有角色、有对白、有情节冲突。

您会滴眼药水吗？这本是讲解人面向全体听众的泛问，但要利用问题推进内容，便不能是单向发问，而必须体现出交互性。为此，讲解人不但设计了一个视频角色代表观众与演说者互动，还通过地方口音、大头造型等搞笑特征来强化这一角色的鲜活个性。如此，在质疑、提问和回应中，演说者得以层次井然、重点突出地讲解滴眼药水的科学方法，最后还将之总结成配乐口诀，更加深入人心。作文有所谓"小开口、深挖掘"，这篇讲稿便是如此。用心讲好一个常见的生活知识，问题虽小，功莫大焉。

李 钢

"错了，90%的人都不会滴眼药水"，这样的标题会不会更吸引眼球？

本作品是一个很实用的科学传播作品，千万别小看"实用"这两个字，具有实用性是很容易让受众接受的因素。信息社会里，信息是冗余而繁杂的，而对于大众来说，那些具有对自己的日常生活有指导性的专业内容是稀缺而必需的。所以，从这一点来说，我们需要更多类似本作品这样的科学传播内容。

此外，作品本身的表达方式也比较活泼，采用了场内外互动的方式来呈现，相当有趣，也通过互动者之口，问出了大众关心的问题。对于受众来说，就更具有了贴近性。

廖雅琪

讲解词题目有新意，用眼睛的英语谐音，一语双关，爱护自己的眼睛，正确点眼药水。选手从患者点眼药水错误操作视频及调研结果说起，先纠错，再将正确点眼药水的流程清晰，准确解答。首先，讲解眼睛表面结构，指出结膜囊位置，是让患者明白，眼药水点在眼睛什么位置是合适且安全的。其次，引导患者找到眼药水安家的合适位置后，教患者正确点眼药水的方式及其流程：一洗二开三挤压，四看五扒六滴下，七擦八压；既要教患者具体正确的做法，又要讲明白为什么要这样做，让患者知其然，知其所以然，把眼科预防感染要求及具体注意事项有序告知，并请患者遵医嘱。

通过设问、疑问等提问方式，选手将点眼药水这件事情进行科学、规范、可操作的讲解，操作流程思维特别清晰。这份讲解词，可以作为眼科点眼药水的操作示范说明。

康 佳 //

　　选手潘倩的科普讲解作品中进行了创新设计，运用多媒体辅助手段将视频与选手跨时空对话，这样的形式更能引起观众的猎奇心理，从而对讲解内容产生浓厚的兴趣，如将观众忽略的"滴眼药水"的相关重点，以视频提问的方式呈现，快速引导观众抓住重点。在科普讲解的过程中，选手和背景视频中无论是真人的互动，还是动画的配合，都可以称得上完美无瑕，特别是在提问的视频中采用了方言配音的制作方式，快速拉近讲解者与观众的心理距离，仿佛视频中提问的"大姐"，就是坐在我们身边的亲朋好友，这样一来，观众自然而然地就会沉浸在科普讲解的内容中，达到了科普传播的目的，是高品质的科普类作品。

　　同时，在舞台副语言的配合上，选手可以借助实物演示，丰富舞台效果。在特定的情境主题下，选手可借助"人设"，如医生或护士的专业形象出镜，更能树立观众心中的信任感。

"一口气"吹走航天器

军队代表队　郭寿梅（战略支援部队航天工程大学）

　　我想请问大家，如果我说自己一口气能把"天宫一号"吹走，这是不是在吹牛？大家看，我这口气呀，只能吹走一张 A4 纸。但还真不是吹牛，这吹一口气的劲儿，到了太空中妥妥能吹走航天器。

　　根据"牛顿第三定律"，如果想推动物体运动，就必须给它一个作用力。我们向前走，靠的是脚掌与地面的摩擦力，如果我被举在半空，便无处发力，寸步难行。那么航天器被发射到茫茫太空之后，又如何获得作用力呢？大家看这个小火箭，原本静止的火箭靠着气体的推力成功升空，航天器的动力来源也是如此。而它喷射气流的方式主要有三种：第一种是物理方式，主要利用压缩气体喷气来推动，它结构简单，但效率偏低；第二种是化学方式，通过喷射化学燃料燃烧迅速膨胀的气体来获得推力，它力气很大，但身形笨重；第三种是电推进，霍尔推进就是最常见的一种，它通过高速喷出离子流获得反作用力来推动航天器。那么问题来了，离子是带电的原子，这微观世界的离子，能推得动宏观世界的航天器吗？这离子流能给力吗？

　　没错，霍尔推进的缺点就是推力小，小到什么程度呢？天宫空间站安装的霍尔推进器，每台输出推力仅 80 毫牛，毫不夸张地说，这只能推动一张纸！但是您别忘了，太空中基本没有阻力，80 毫牛虽是微薄之力，却足以推动数百吨的空间站。也就是说，推力小虽是瑕疵，但瑕不掩瑜。这是因为霍尔推进器具备"三高"优势：高比冲、高速度、高能效。

　　第一是高比冲。比冲代表单位质量的推进剂所产生的推力。它就像一匹马，马吃的草越少，跑得越远，它的比冲就越高。同样重量的推进器，霍尔推进器可以产生传统火箭发动机的 10 倍推力。

　　第二是高速度。喷气速度关系到航天器飞行的最终速度。传统火箭推进器最高喷气速度是每秒 3 ~ 4 千米，而霍尔推进器则能达到每秒 10 ~ 80 千米。

第三是高能效。传统火箭推进器一顿猛烧，靠的是大力出奇迹，但是做工并不持久，一般只有 300 ~ 400 秒，只够带我们逃离地球。而霍尔推进器可以持续工作上千小时，这就能使航天器一直加速，让星际旅行不再是梦。

可喜可贺的是，2022 年 1 月，我国最新的霍尔推进器试车成功，最大推力 4.6 牛，其比冲和能效打破了美国创造的最高纪录，达到了世界一流水平。现在您相信了吧，霍尔推进器这"一口气"的力量，不仅吹动了航天器，更吹响了我们进军星辰大海的嘹亮号角！

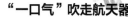
科普最强音

扫一扫，观看视频

作品赏析

马 莎

　　文学家在创作时是否应该主动考虑受众需求？关于这个问题，自古以来便有着巨大分歧：有人以阳春白雪自居，不在乎曲高和寡；有人唯求老妪能解，其作品家传户诵。创作出发点的不同，自然会对作品的传播与接受产生截然不同的影响。不独文学领域为然，这一规律同样适用于一切广义上的文章写作。从这个角度观察，这篇讲稿的创作态度显然属于后者。

　　讲稿的主旨是要对"霍尔推进器"进行科普，但这一名词却直到篇幅近半才第一次出现——为了让听众充分理解这一推进器的价值，撰写者极有耐心地进行了层层铺垫：首先，以反常识、反直觉的"一口气吹走天宫一号"开场，调动听众好奇；其次，为听众重温"牛顿第三定律"，由步行作用力引出航天器的动力来源话题；最后，为听众一一介绍航天器喷射气流的 3 种方式，并指出前两种都存在严重缺陷，这才终于让主角闪亮登场。至此，经过从"一口气"开始的循循善诱，听众已完全明白了霍尔推进器推力小的特点及其作用机制，也就能够带着更加浓厚的兴趣，专注去理解接下来的"三高优势"。

可以说，这篇讲稿的布局谋篇是完全以受众为出发点的，不但做了结构上的精心设计以顺应听众的求知心理，还加上演说者吹A4纸、发射小火箭等演示辅助，最终达到引人入胜的科普效果。选手和受众心理的同频共振，也有一种"相视而笑，莫逆于心"的乐趣。

李 钢

本作品的题材是相当吸引人的，而且在内容中，设计了一些能够吸引人的反差元素。譬如说，在开头，就给出了一个用吹走一张A4纸的一口气，居然能够吹走硕大的航天器的反差，相当吸引人，有引人入胜的作用。然后在后面，不断地有反差呈现。微观世界的离子流难道能推得动宏观世界的航天器么？而本作品所要讲述的主角"霍尔推进器"的出场，同样是在一个鲜明反差中：霍尔推进器具有的极小推力和在航天器中发挥的巨大作用。

这样不断有反差出现，不断撩动着受众的好奇心：究竟是什么样的推进器，居然有着这样神奇的能力？这个时候，讲解者给出了详细的解释：霍尔推进器具有高比冲、高速度和高效能等"三高"特性，这才让它能够在航天领域中大显身手。

最后还有高潮，那就是在2022年1月，我国研发的新型霍尔推进器问世，推力达到了世界领先的4.6牛。

在整个作品中，可以说是一直在牵着受众的"鼻子"走，有种欲罢不能的感觉。所以，通过内容和结构的精心设计，让受众心甘情愿地"沦陷"，这才是好的传播。

廖雅琪

讲解词题目是一个引人入胜的问题：一口气有多大劲，可以吹走航天器？选手使用专业概念准确，知识逻辑层次非常清晰，一级概念与二级概念形成内在逻辑关联，讲解层层递进。讲解"牛顿第三定律"，推导出它适用于航天器获得推

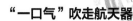
动力；而航天器喷射汽油方式有3种：物理方式、化学方式、电推进，各有千秋；其中的电推进虽然有动力不足的瑕疵，但却是常见的一种可用方式；从电推进引出"霍尔推进"及"霍尔推进器"两个概念，侧重讲解霍尔推进器具有的三高优势：高比冲、高速度、高效能，这三高优势，就是吹走航天器的那一口气！

选手一系列抽象的专业术语讲解，不仅没有妨碍听众的思维，反而成为引导听众思考的关注点，这也是选手专业能力讲解精准的魅力所在，是航天科学的吸引力所在。选手善于运用设问，提问，追问思维，把问题与知识紧密结合；善于用数据，用比喻，将抽象的概念具体化，科学的问题常识化。

康 佳

选手郭寿梅科普讲解作品具备较高的完整度，舞台形体非常规范，在肢体动作设计上也是干脆利落；简洁明了的语言表达方式，加上清晰舒展的舞台设计，让整个科普讲解作品的呈现都十分具备正能量的精气神。作品中的科学实验非常直观，切合主题，与身后的多媒体辅助手段无缝衔接，配合紧凑，这也使得作品节奏比较明亮轻快，从受众的心理接受度来讲，这样的作品更容易被吸收接纳。

选手郭寿梅的舞台形象与状态值得学习借鉴，选手笑容热情灵动，通体来看讲解过程没有疲惫期，同时选手具有舞台表现欲望，这对舞台展示来说是最重要的部分，表现欲望可以激发选手的舞台创造力和感染力，这能帮助讲解者呈现出自信的台风，更能收获受众的青睐，拉近讲解者与观众的心理距离。除此以外，选手郭寿梅的舞台状态是极佳的，表达清晰有重点，实验展示节奏把握得当，在文稿表达的层次处理上有明显变化。

美味杀手——毒蘑菇

广州代表队　叶筠婷（广东广信通信服务有限公司）

今天我就跟大家聊聊关于毒蘑菇的那些事。我们先来看这两张图片，可以看到图片里的女生她出现了徒手捉小人，徒手捉线头的行为，很明显地看出她这是出现了幻觉，这是为什么？是因为她误食了毒蘑菇。每年夏天我们总能看到误食毒蘑菇进医院的新闻，甚至评论区里出现了这样的留言：好多网友表示想尝一尝毒蘑菇，其中有这位网友问道："误食毒蘑菇之后，除了会出现幻觉之外对我们的身体到底有没有害？"那在这里要很明确地告诉大家，误食毒蘑菇的后果是很严重的，所以我们千万不能尝。

下面我们一起来了解一下误食毒蘑菇后会出现什么情况。误食毒蘑菇后大概会出现7种类型的症状，最常见的就是胃肠道反应，也就是中毒后出现恶心、呕吐、腹痛和腹泻，部分的蘑菇中毒后还会引起溶血、急性肝损伤、急性肾衰竭，或者引起神经性中毒，甚至严重者可能致死。目前对于蘑菇中毒缺乏特效药，对于重症中毒者只能通过血液净化、人工肝移植的方式治疗，那简单来说就是价格昂贵，技术要求高，质量很困难，后果很严重。

听到这里，可能有人就说毒蘑菇我不敢尝试了，那我总能采摘野生的无毒蘑菇试一试吧，网上有那么多教我辨别的方法，那我层层把关，肯定是没事的。好，既然是这样，我现在就考考大家是否真的能分辨出哪些是无毒的蘑菇。我们经常说颜色鲜艳的多为毒蘑菇。来，我们来看这5款蘑菇你能看出哪几款蘑菇才是无毒的吗？你能想到上面这3款看着是人畜无害的才是正儿八经的高质量毒蘑菇，而下面颜色鲜艳的鸡油菌、大红菌等才恰恰是可以食用的蘑菇吗？所以说光靠颜色是不能完全分辨哪些是毒蘑菇的。

好，那我们再来看这一组，长得像孪生兄弟的蘑菇，它们一个有毒，一个无毒，这惊不惊喜，意不意外？因为大部分的蘑菇都是由菌伞加菌杆组成的，所以我们很难从它的外形、形态、颜色等方面去分辨哪些蘑菇是有毒的。这时候有人问道："既然蘑菇有毒，

那我把它高温煮熟消毒了，毒性自然就没了吧？"大家觉得这个办法有用吗？答案是没有用的，因为部分蘑菇的毒素性质较稳定，它们耐高温、耐酸碱、耐干燥，一般的烹饪加工方法是不能破坏其毒性的。听到这里大家是不是觉得毒蘑菇狡猾得很？所以为了自己和家人的安全，我们要做到"三不"，就是不购买、不采摘和不食用野生的蘑菇。那大家觉得毒蘑菇它是一无是处吗？其实也不是，虽然毒蘑菇对我们的健康造成了重大的威胁，但是它也是非常重要的一部分资源来源，它是我们部分药物以及功能分子的来源，科研人员通过研究毒蘑菇毒素的变化机制，使毒素变害为宝，部分毒蘑菇的毒素以及毒菌是可以应用于生物防治、药用抗癌、生物科技等方面的。

))) 科普最强音

扫一扫，观看视频

作品赏析

马 莎

　　曲径通幽固然动人，开门见山也未尝没有一种平易之美。这篇讲稿起句即提出主题，接着以误食实例引出网友关于毒蘑菇的常见疑问，由此串联几个需要科普的知识点：一是误食毒蘑菇的严重后果与可能会出现的症状；二是野生蘑菇难以根据外观分辨是否有毒；三是常见烹饪方式无法破坏毒蘑菇的毒性；四是指出毒蘑菇有其药用科研价值。全文对主题的演绎基本是一气呵成的，呈现出流畅、平易、直截了当的风格。虽然也有讲解者代网友发问的设计，但答案紧接问题，显然并不以制造悬念为目的，只是为了以明显的段落分割来组织所涉知识点。

　　讲稿的写作方式自然取决于主题的特点。关于毒蘑菇，人们往往极为好奇，不仅对于食用的危害预计不足，甚至对"致幻"症状抱有跃跃欲试的危险心态。因此，是否能正确认识毒蘑菇，与是否了解航天科技、气象知识、量子科学等话题有着完全不同的性质，不只是增广见闻，更是性命攸关。正是出于一种尽可能厘清误解、

消除风险的使命感，这篇讲稿采取了说明文的经典模式。所谓经典，虽然套路化而少惊喜，却能使信息的传递尽可能完整准确，仍然是最为高效而稳定的方式。

李 钢

误食毒蘑菇的新闻时不时地就能见到，讲解者可以用一个近期的误食新闻事件来做引子，这样既有事件本身，又会产生更大的公众关注度。本作品可以关联新闻"借东风"展开科普内容。在新闻实践中，新闻媒体经常会在新闻事件发生后，在报道中尽可能地给出很多实用性的信息，这种做法就是"借东风""蹭热点"。

本作品意识到了这一点，但给出的案例还可以进一步加强。此外，作品中针对许多网友提出的疑问，进行了反馈，这个设计很不错，回答大众之所关心，才是我们做科学传播的真正目的。

当然，也有个建议，传播并不是一次性的，在短短的几分钟时间里，要把毒蘑菇的知识，尤其是鉴别知识讲清楚，完全不可能。那么我们能否将这几分钟的时间看作是引人入门的一个契机，在具体的呈现中留下今后与受众互动的大门，这是可供创作者思考的。

廖雅琪

选手善于看图讲解，图文结合，观点明确：误食毒蘑菇后果严重。导入语，看图讲误食毒蘑菇事故，引起听众关注毒蘑菇。拓展语，从误食毒蘑菇出现7种类型症状，造成严重后果说起，历数野生蘑菇中存在毒蘑菇的可能性，因为非专业人士很难从外形、形态、颜色等指标，区分出野生蘑菇是否有毒；区分野生蘑菇是否有毒，是专业技术活。毒蘑菇不能吃，野生蘑菇也存在食用安全隐患，专业且良心建议：不购买、不采摘、不食用野生蘑菇。

选手讲解知识逻辑从小概念毒蘑菇开始，往大概念野生蘑菇拓展，从食物安全视角，排除毒蘑菇的危害，告诫听众不要存在侥幸心理，安全第一。讲解毒蘑

菇不可食用是食品安全常识，而介绍科研人员研究毒蘑菇毒素的变化机制，利用部分毒蘑菇的毒素及毒菌，应用于生物防治、药用抗癌、生物科技等方面，变害为宝，则是科普讲解展示科技力量的点题之处。

康 佳

　　选手叶筠婷的科普讲解作品整体呈现风格柔和温润，娓娓道来的语言表达方式更贴近生活以此走进观众内心。舞台形体、动作、调度风格统一配合得当，如有节奏匹配的背景音乐相结合，将会是更加美好的舞台呈现。

　　语言的音色是具有情绪和引导性的，较为愉悦欢快的音色常常传递的是积极正向的情绪和信息，相反较为低沉阴郁的音色传递的是消极负面的情绪和信息，那么在讲解中应当更好地运用音色的变化来辅助舞台感染力的营造，从而快速直接地向受众传达信息。借用选手叶筠婷的科普文稿来说，当讲解内容是有关于毒蘑菇的危害时，音色应当稍微降低，咬字较用力，表情严肃客观，以此最直观地传递警惕的情绪和信息，从受众心理来看他们属于被动指引的状态，这样直观地展现也能让受众在只能听表达、看展示的状态下马上跟随讲解者动态精准地进行知识普及，以此类比，选手们完全可以在语言表达上多做设计，为科普作品增色。

高处不胜风

河北代表队　焦龙飞（张家口市气象局）

　　这是冬奥会比赛项目跳台滑雪。我们看选手，起跳，好，在空中非常的平稳，落地，好样的！

　　这项刺激的运动在1924年第一届冬奥会就被列为正式项目，并延续至今。"2022年北京冬奥会跳台滑雪比赛"在我的家乡张家口赛区"雪如意"场馆举行，它被网友誉为是最惊艳的场馆之一，气象人称它为预报服务难度最大的场馆之一，因为跳台滑雪这项比赛对风的预报有着严格的要求。对跳台滑雪运动员来说风可以分为3类，分别是顺风、逆风、侧向风（也叫横风）。很多追求速度的运动最怕的就是逆风，可是对跳台滑雪来说逆风气流可以使运动员产生类似飞行爬升的效果，维持在空中的稳定性，减缓身体下降速度，从而延长飞跃距离。就好像是我们放风筝，要逆风奔跑，风筝才会越飞越高。那么与逆风相对的顺风则会影响运动员在空中的稳定性，还有横风，可能使运动员在飞行的过程中产生偏航，严重时会把选手吹出赛道，造成生命危险。

　　无论风向如何，跳台滑雪对于风的要求是阵风不能超过每秒4米，也就是肉眼可见的小树枝的晃动，比赛就可能要暂停或者是取消了。那么，同样是预报风，为什么说国家跳台中心"雪如意"的预报难度最大呢？因为在跳台滑雪场地存在着两份风预报，分别是环境风预报和场地风预报。在"雪如意"周边的风我们可以称之为环境风，而在"雪如意"里面的风就是场地风了，场内场外看似一墙之隔，但是两者相差巨大，几乎没有相关性，场地风观测资料很少，难以预测。在2020年2月20日举行的"相约北京冬奥测试赛跳台滑雪比赛"中，当天21时测得的环境风平均风速为每秒8.8 ~ 13米，阵风可达每秒18米以上，而场地风的平均风速仅为每秒1.3米，阵风每秒4.2米，也超过了规定阈值。经过气象专家的持续监测，认定未来20分钟的大风情况不适宜继续比赛，最终仲裁委员会决定取消第二轮比赛，以第一轮结果为最终比赛成绩。

那么除了在比赛中的持续监测，在赛后的评分体系中同样离不开气象服务。选手们的最终得分要通过姿势分、距离分、出发分，还有风力补偿分来决定。这里的风力补偿分就需要气象专家给出建议。在评分表中，我们可以看到这样一栏，通过实况风速为每位选手加减分，抵消选手们在空中因风速不同而产生的影响，从而保证比赛的公平性。

"2022年北京冬奥会"成功举办，惊艳世界，气象人圆满完成各项冬奥气象服务保障任务，挑战现代气象预报天花板，展现大国气象担当。在未来，气象人继续发扬北京冬奥精神，助力冰雪经济高质量发展，为中国式现代化贡献力量。

)))**科普最强音**

扫一扫，观看视频

作品赏析

马 莎

同样是关于气象预报工作的科普，预报的主要对象同样是风，这篇讲稿与前面的《低空风怪》有着全然不同的重点与风格。如果说《低空风怪》是以主角的危险性与结构的悬疑性来扣人心弦，那么这篇则侧重于结合热点内容来普及气象知识，并以平易近人的讲解风格令听众倍感亲切。

"2022年北京冬奥会"，运动员谷爱凌在自由式滑雪大跳台女子决赛中夺冠，实现了中国女子雪上项目的历史性突破，也让跳台滑雪成为举国瞩目的大热门。借助这一热点话题，讲稿轻松吸引听众注意力，串联了多个与风相关的科学知识点，包括逆风、顺风和横风对运动的不同作用，跳台滑雪对风力要求的严格，场地风的概念和预报难度，以及基于气象服务的风力补偿分对于比赛公平性的重要意义。经由这些背后的知识，听众才能更好地理解跳台滑雪这一刺激运动的原理，进而意识到一切优美动作、华丽技巧和耀眼荣誉的背后都有着气象人的默默贡献。

抓住热点话题是讲稿设计上的成功之处，而讲解者则为这一设计带来个性。

开头营造出与听众一同观看比赛的氛围，以饱满热情的声音与肢体语言表达感受，通过"我的家乡张家口"带来亲切感……这些个性化的处理方式都能令讲解者的形象立体且鲜活，从而拉近与听众的心理距离。以特定形象为讲述赋予温度，正是演说不同于文本的独特吸引力。

李 钢

看了本作品之后有个感受：真是生活处处是科学。

本作品是应冬奥会形成的冰雪运动热点而产生的，但是创作者却并没有将视角放在冰雪运动项目本身上，而是给我们介绍了一个不为专业人士所关注的话题：影响滑雪运动表现的"风"因素。

环境风、场地风，这些概念对于普罗大众来说，并不是一个平时容易引起关注的话题。而随着冬奥会的举办，我国也在形成冰雪运动的热潮和爱好者群体，那么，各种关于冰雪运动的知识就成为一种新的内容需求。而本作品从气象学的角度出发，将涉及滑雪运动的"风"的因素展现了出来，充分迎合了这样的需求。

这就告诉我们一个道理，生活处处是科学，而做出科学传播的工作者，不仅要掌握科学知识和传播技能，也要时刻关注受众的知识需求，这样才能迎合趋势，做到具有更好效果的科学传播。

廖雅琪

讲解词题目中的"风"，贯穿讲解全过程，可谓：风从高处来。选手知识概念逻辑层次清晰，讲解思维流畅，使用专业术语准确，讲解语言生动，讲故事能力强。切入点是2022年北京冬奥张家口赛区"雪如意"场馆跳台滑雪赛事气象预报关于风的预报事宜。为后续讲解埋下伏笔。围绕跳台滑雪与风的关系，选手首先讲解风的分类——顺风、逆侧向风及横风，让听众知道，逆风对跳台滑雪运动是有利的；这个知识点学习，能启发听众逆向思维。接着，讲解环境风预报、场地风预报概念，揭示场地风预报的难度及不确定性，这是中国气象预报需要解决的现实问题，是挑战现代气象预报的天花板问题，而中国气象人做到了。在赛事中，气象服务提供专业支持，不只是赛中监测，还有赛后评分环节：风力补偿分需要气象专家评定。现代气象预报服务对重大赛事提供的支持，是高科技力量。

选手善于运用气象学术语及具体数据，把抽象的气象问题具体化，例如跳台滑雪对风的要求是阵风不超过每秒 4 米。

康 佳

选手焦龙飞的科普讲解作品，一开场就为观众展现了一场精彩的体育赛事解说，瞬间带动起舞台氛围，是非常成功的设计，同时选手标题的巧妙构思与选题的独特视角，也都给受众留下了深刻的印象。好的开头是成功的一半。无论是演讲稿的创作、作文的创作还是科普讲解的创作，都是一贯通用的，选手焦龙飞在开场中运用冬奥视频与自身语言表达相结合的形式，值得选手们共同学习借鉴。

同时，此作品选题的独特视角也深入人心。在大众理解中，气象是与天气有关的，而该视频中则是说明气象与冬奥中滑雪比赛的关系，再配合选手风趣的讲解方式与精彩的背景视频，将此科普讲解作品的质量大大提升，这就是观众朋友们所喜闻乐见的科普讲解。同时，舞台肢体动作与舞台调度的设计对于选手来说也同样重要，讲解选手可在此多加设计与练习。

识龙卷，助防灾

　　生活在海南您或许经常见识到台风的威力，但是您不一定见识过龙卷风的厉害，因为它出现的概率并不大，比较少见。不过在 2019 年，龙卷风却迎来了它在海南的巅峰时期，前前后后一共出现了 8 次。其中最强的一次是出现在 8 月 29 日的凌晨 4 点前后，造成人员八死两重伤，7300 余株树木倒伏，115 间房屋受损，给儋州那大镇造成了非常严重的破坏，因而超越台风，位列当年海南省十大天气气候事件的榜首。

　　那么到底什么是龙卷风呢？其实龙卷风它是一类局地尺度的剧烈天气现象。通常认为，当季云里的冷空气急速地下降，热空气猛烈地上升，在对流层的中部相遇旋转并向上向下伸展，发展的涡旋到达地面时状如漏斗，这种漏斗状旋转上升的气流就是我们所说的龙卷风了。龙卷风多发生于春、夏、秋季，可以形成在陆地上，也可以形成在水面上，如果与火焰相遇，还可以形成非常见的火龙卷。根据致灾程度，我国在 2019 年将龙卷风的强度一共分为了 4 个等级，其中最高级别的龙卷风的地面风速可以超过每秒 140 米，是强台风的数倍，可想而知它的破坏力有多强。较强的龙卷风所到之处能摧毁树木，卷走房屋，卷飞人车，掀翻船只，严重危害人民生命财产安全，让人们谈"龙"色变。

　　既然龙卷风这么可怕，那当我们遇见时又该如何应对呢？其实高速旋转、快速行进的龙卷风，虽然说它这个脾气确实是暴躁了点，但是它的个性比较耿直，总是直来直去，想要急转弯是十分困难的。而且它的生命周期短，水平尺度小。所以说如果突遇龙卷风，一不要惊慌，镇定自若；二就是一定要尽快地远离车船高处，进入地下室最安全，或者是快速地跑到与龙卷风路径相垂直的低洼处藏身，就能有效地保护好我们自己了。由于龙卷风的突发性和局地性确实也比较强，所以想要准确预报它的移动路径和强度，就我们目前的技术而言，仍然是十分困难的。不过经过探索，通过多普勒天气雷达的高频率观测，对龙卷风的预报预警能力能够发挥一定的作用。

当前，海南省气象部门已经分别在海南岛北部的海口、南部的三亚、西部的东方和东部的万宁分别部署了四部多普勒天气雷达，并已经组网运行，形成了对海南岛龙卷风活动的有效监测。随着监测手段和预报技术的不断发展，将为提升龙卷风的预报预警能力提供更坚实的科学基础。路虽远，行则至，我们始终相信，谈龙卷不再色变的那一天终将到来，气象人一直在努力！

科普最强音

扫一扫，观看视频

作品赏析

马 莎

又是一篇与风相关的气象知识科普，相较前边的话题，这一次的主角对于听众而言可谓既熟悉又陌生。所谓熟悉，是因为龙卷风凭借惊人的破坏力，常在经典文学与影视作品中扮演重要角色；而陌生，也正是因为人们对龙卷风的认知途径往往是非理性、非科学的，知其然而不知其所以然。为了让听众正确了解龙卷风，这篇讲稿主要谈及三部分内容知识：一是说明龙卷风的气象原理、特征和等级；二是讲解遭遇龙卷风时如何自救；三是介绍目前预报龙卷风的困难和现有技术成果。

通过讲解，听众再一次对气象工作的复杂和难度叹为观止，这篇讲稿的清晰性、逻辑性和专业性自然是毋庸置疑的。不过，在各种与风相关的气象概念中，龙卷风恐怕是戏剧色彩最强的一个；而海南作为旅游胜地，既有椰林树影、碧海蓝天令人心旷神怡，又有龙卷风令人闻风丧胆，两者并存的巨大反差也形成了戏剧张力。也即是说，这一话题中的戏剧性是不必刻意营造、已然深入人心的，若能善加发挥，应该能够极大地提升文本吸引力。讲稿中对此轻轻放过，留下了一点遗憾。

李　钢

　　刚看到这个题目的时候，是有点担心的，因为龙卷风这个话题并不新鲜，大众对于龙卷风的认知应该已经到了一定的水平，所以如果只是"炒冷饭"，那么很有可能就沦为一个平庸的作品。

　　从作品来看，创作者貌似将主题放在了"龙卷风与海南"之间，提到了在海南，台风常见，龙卷风并不多见这一事实。但是，海南却在2019年迎来了龙卷风多发年——不仅发生了8次，并且还造成了严重的人员伤亡和财产损失。

　　而在后面的内容中，讲解者依然回到了传统的框架中，在不停地围绕着龙卷风的相关知识做介绍，但是始终并没有解答自己提出的问题：为什么龙卷风在海南少见，又为什么2019年会出现多次龙卷风？

　　当然，最后，还是给出了海南省气象部门在多地部署了多普勒天气雷达这一解决方案，可能这才是创作者的初衷。但是留下问题，却没有解答问题，这多多少少都会影响这一作品的传播性。

廖雅琪

　　讲解词切入点是2019年海南发生8起龙卷风事件，引起听众关注龙卷风。

　　选手运用提出问题，解决问题思维，通过设问，解答龙卷风是一种局地尺度的剧烈天气现象，及其形成原因；同时，普及2019年中国根据致灾程度，将龙卷风强度划分为4个等级知识。从龙卷风概念到龙卷风成因，"是什么？为什么？"的讲解思路清晰。继续设问，突遇龙卷风怎么做才安全？首先分析龙卷风的特点：它的个性比较耿直，总是直来直去，想要急转弯是十分困难的。而且它的生命周期短，水平尺度小。接着给出避险建议：不要惊慌，镇定自若；一定要尽快远离车船高处，进入地下室最安全；或者快速地跑到与龙卷风路径相垂直的低洼处藏身，就能有效地保护好我们自己。有理有据的安全建议，才能让听众相信。

康 佳

　　选手杨丹的科普讲解作品整体风格轻松、自然，是具备传播性的科普讲解作品，易于受众的接纳。选手在选题上有区别于其他人，具备独特视角。大众常常认为，台风才是威力最大的，但却忽略了时间短、强度高的龙卷风。此科普讲解作品中，PPT与文稿内容的配合紧密得当，如果能够加以视频与背景音乐为辅助，舞台效果将更加饱满。

　　选手杨丹语音面貌姣好，吐字清晰，重音明确，在语音的传播上有很好的效果，肢体语言丰富，交流感强。同时，选手的舞台形体的规范与调度也是很重要的板块，立于舞台或镜头前，首先要挺拔与舒展，尽可能地展现自信的台风；其次要尽量避免调度动作的琐碎，过于琐碎的挪动可能会破坏作品呈现出的整体美感，在舞台调度中尽量步伐轻盈自然、动作规整准确，能够与文稿内容层次变化相配合。

"非法闯关客"长戟大兜虫

海关总署代表队　汤晓彤（大连海关周水子机场海关）

今年4月，海关从一批来自日本的进境邮件中发现了一个申报品名为塑料玩具的可疑包裹，打开后里面竟然是一只活体大甲虫，经鉴定是长戟大兜虫，它也是全国各口岸非法闯关的常客。

长戟大兜虫原产于拉丁美洲，是鞘翅目犀金龟科巨型昆虫。它有着一个硕大的胸角，像极了武士的兵器，这就是它中文名的来源。算上胸角，它的体长能达到184毫米，是世界上最长的甲虫。它还是昆虫界的大力士，可以拉动自身体重350倍的物体。长戟大兜虫凭借其外形勇猛，繁育简单等特点广受追捧。在爱好者的眼中，它只是观赏性佳，饲养乐趣大的治愈性萌宠，人畜无害。那么真的是人畜无害吗？这个自带光环的明星昆虫怎么就被各地海关频频无情地拦截了呢？

长戟大兜虫在我国没有分布，属外来物种，任何外来物种离开原产地，定居新环境，都可能带来未知的风险。这些外来物种一旦逸散到野外，遇到宜居的自然环境，缺乏天敌克制，凭借超强的生存竞争能力，就可能魔化升级，占地为王，或直接危害农民生产，或传播病虫害，或疯狂挤占本土生物生存空间、破坏生态环境和生物多样性。今年频频登上热搜的鳄雀鳝还有巴西龟，都是这类外来物种的典型代表，它们因极强的适应能力和繁殖能力，严重威胁本土物种生存，破坏水体生态，甚至损害人类健康。

近年来，宠物市场不再是犬猫的天下，一些群体追求另类、猎奇，饲养各类异宠成为一种时尚，催生了异宠经济。少数极端人员不惜逾越法律底线，从国外走私异宠进境，为了逃避海关监管，他们将未经检疫的异宠改名换姓，重重伪装，变身玩具，埋身木屑，通过跨境电商等渠道寄递入境，企图瞒天过海，蒙混过关，跨境宠物贸易已成为外来物种扩散的重要途径。

海关是国门生物安全第一道防线，在海关关员机检判图、精准布控、人工彻查系列组合拳之下，这些生物界的非法闯关客们一个个都原形毕露，无处遁形。

党的二十大报告明确指出，"加强生物安全管理，防治外来物种侵害"。中国海关全力以赴把牢国门生物安全关口，遏制外来物种入侵。山河无恙，方能烟火寻常，让你我在心中都画上一条生物入侵的警戒线，为守护祖国的绿水青山共筑生物安全屏障。

科普最强音

扫一扫，观看视频

作品赏析

马 莎

在公务员系统中，海关是比较引人关注的一个单位。影视剧常以海关缉私缉毒为题材，人们对于海关工作的理解，大多是监管进出口贸易、查货收税、打击走私等。而这篇讲稿选取一个小小的切入点，为我们突破过于笼统或神秘化的固有印象，展示了海关工作是如何既关乎大众个人生活，又能影响到整体自然环境的。

讲稿从截获长戟大兜虫开始，先择要介绍这种甲虫吸引人的特征，继而普及外来物种入侵的危害，由此说明海关打击异宠作为宠物走私入境的必要性。一方面，讲稿将昆虫知识、物种入侵和海关工作多个领域的科普合理结合，呈现出学科交叉的丰富性；另一方面，讲稿的科普对象应包括购买走私虫宠的昆虫爱好者，而在表达的出发点上有意地将之定位为"不知者不罪"，清晰区分了对这一人群的科普教育和对走私商贩的严厉抨击，因此能在侧重科普的部分保持态度平和，在娓娓道来中令人心悦诚服。对犯罪分子毫不留情，对普通群众春风化雨，一次讲解，见微知著，海关工作者真挚的守护之心判然可见。

李 钢

本作品的内容较为丰富，有几条链条在并行开展：长戟大兜虫的介绍；外来物种有可能对本土生态环境产生的负面影响；不法分子从事物种走私及海关针对性的监管举措；等等。

通过这些链条，选手不仅在介绍长戟大兜虫的习性以及可能带来的危害时，还引出了外来物种入侵这一话题。整个作品内容丰富，显得比较有层次感，给出了一种以案例入手、层层递进的作品结构。

可惜的是，有限的篇幅和时长，限制了讲解者的发挥，还有不少公众想知道，海关在防范外来生物入侵方面，采取和采用了哪些有科技含量的技术手段，如果能增加这样的内容会更吸引人。

廖雅琪

选手知识概念界定准确，从长戟大兜虫概念切入，拓展到异宠、异宠经济、外来物种、生物入侵警戒线等系列概念，多个概念之间有内在关联，启发听众发散思维。

选手运用提出问题，解答问题思维，通过层层设问，详细解答了以下问题——长戟大兜虫是什么？"长戟大兜虫原产于拉丁美洲，是鞘翅目犀金龟科巨型昆虫"。是世界上最长的甲虫，昆虫中的大力士，是异宠，但异宠经济增加了外来物种入侵风险。为什么它成了生物界的非法闯关客？长戟大兜虫在我国没有分布，是外来物种，外来物种因极强的适应和繁殖能力，严重威胁本土物种生存，破坏水体生态，甚至损害人类健康。这个非法闯关客是怎样被发现的？2022年4月，海关从一批来自日本的进境邮件中发现了一个申报品名为塑料玩具的可疑包裹，打开后里面竟然是一只活体大甲虫，经鉴定是长戟大兜虫。讲解主题清晰，海关发现并严禁非法闯关客入境，是国家构建生物入侵警戒线的必要措施。

康 佳 ///

　　选手汤晓彤的科普讲解作品个人风采鲜明，具有较强记忆点。简洁利落的舞台风格非常符合其展现的身份形象，节奏高度统一的作品更能吸引受众注意力。作品中先举事例引入主题、再循序渐进揭开群体现象的层次设计，非常符合大众接收信息的心理过程与节奏，整体来看，作品的布局非常成功。

　　舞台调度是舞台形象重要的枝干部分，调度的距离、步伐的形态要与语言节奏、背景音乐相统一，如音乐舒缓，步伐却紧快，这样违和的舞台呈现容易使受众"跳戏"，从而不够专注。成功的舞台调度最重要的就是做到自然过渡，在步伐设计上要轻便，从观众角度看并未感受到刻意的设计。这样不仅丰富了选手的舞台效果，也辅助选手树立了自信、稳定、游刃有余的台风与气场，希望广大参赛选手能够重视并加以练习。

石油地球物理勘探给地球做"CT"

国资委代表队　张芊（中国石油集团东方地球物理勘探有限
责任公司）

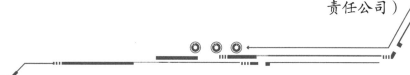

自 1953 年人类第一次征服世界之巅珠穆朗玛峰之后，就开始有一批又一批的人挑战世界极限。上天难，入地更难，要想在地下数千米的地层寻找石油宝藏可谓难上加难。石油人不甘示弱，2020 年的轮探一井在地下垂深 8882 米，获得了 5 亿年前的高产油气流，成为亚洲路上第一深井。

茫茫的塔克拉玛干沙漠号称"死亡之海"，可就在这里，石油人在地下 7000 ~ 10 000 米的超深地层发现了富满油田，油气储量达 10 亿吨，相当于隔着一座地下珠穆朗玛峰，探索石油藏宝库，勘探难度达到了极限。这些石油是怎样被找到的呢？那就得说说这把打开地下油气宝藏的金钥匙——地球物理勘探。它类似于对地球做一个 CT，通过有目的的"扫描检测"来发现储存在地下的油气资源，让地质学家成为"透视眼"，看得更深、视野更广。

地震勘探分为数据采集、处理、解释三个步骤，我们在各个环节都进行了自主研发，形成了一系列配套技术和软件装备。

第一个环节，地震数据采集。通过我们自主研发的 G3HD 有线地震仪器，eSeis 无线节点地震仪，EV-56 高精度可控震源等先进的装备和技术，在地面进行数据采集和观测。EV-56 作为人工源，首先激发地震波，对地球开始扫描，G3HD、eSeis 作为接收员收获反射波场数据，从而可以得到推测地下岩层构造形态，或者岩性特征的原始地震资料。但这还不能揭开地下的神秘面纱。

第二个环节，我们将"透视"地球得到的地震数据进行处理，得到给地球拍的 CT 图像。医生平常给人体做 CT 检测后很快就能拿到 CT 图片，但地球远比人体复杂，地下地层成像往往要借助于高性能的计算机，我们采用自主研发的超大型 GeoEast 地震数据处理解释一体化系统，由技术人员经过几十个步骤，得到立体的地下地层成像剖面数据体。

如何确定油气位置，就需要这最后一步，地震解释。油气深埋在地下，它从哪里产生？现在藏在哪里？我们又要如何去寻找？技术人员通过把地震剖面和地下地层建立联系，绘制地层的构造图，找到与油气有关的地质信息的方法来锁定油气藏的位置，就这样，从地表到深埋地下上万米的地层结构，都可以被技术人员解释出来。油气藏就是这样发现的。

找油找气，物探先行。从攀上一座座"刀片山"，到勇探"地下珠峰"，石油物探人技术创新的脚步从未停歇，每一次在"勘探禁区"的探索都是一张科技自立自强的成绩单，是"国之大者"的使命担当。新时代石油人，走好新的赶考之路，不断向地球深部进军，为保障国家油气能源安全做出新的贡献，谱写新的篇章。

科普最强音

扫一扫，观看视频

作品赏析

马 莎

科普讲解的题材可以说是包罗万象的，有的微观，有的宏观，相对而言，后者涉及的科学知识更为复杂，讲解难度自然也更大，本篇便是如此。石油地球物理勘探，恐怕是目前为止科技概念最为密集的一篇了。为了尽快将听众带入这一陌生领域，讲稿选择了反向开头，以大众熟知的攀登珠峰为例回顾人类挑战世界极限的努力，再由"上天"转为"入地"，既为听众理解做出前期铺垫，也为后续类比埋下伏笔。由此，在举出"亚洲陆上第一深井"和塔克拉玛干沙漠超深地层油田这两个物探实绩时，能够以"地下珠峰"来形象化展示深度数据，也令听众在惊叹之余产生"如何做到"的好奇。

在正式介绍地球物探概念时，讲稿运用"金钥匙""做CT""透视眼"等比喻来帮助理解。而在说明地震数据采集、处理和解释三步骤时，虽然也延续了"做

CT"的比喻手法，并有意通过三个设问来分割内容段落、降低理解门槛，但因大量高度专业化的术语密集出现，且较多为缩写形式，没有一定相关知识背景的听众在短时间内确实是难以理解的。这是由主题本身的性质决定的：诸如前述肺结节、龋病等知识因为与个人生活息息相关，确有清晰掌握并记忆的必要；而本篇石油物探属于国家能源科技领域，与普罗大众的知识壁垒是不能也不必仅靠一次讲解打破的。对于后一类主题而言，在阐释知识的同时，能够充分展示先进科技成就，令大众对国家实力保有充沛信心，便也实现了科普讲解的另一层重要意义。

李 钢

要想把如此专业而小众的话题讲清楚难度较大。可以说，选手选择了一个难度系数相当高的题目来参赛。这种涉及国计民生的重大话题，要想吸引人，那么可以采取一种方式：引发受众的国家自豪感，这就是提供情绪。试问，但凡有点爱国心的人，谁不希望国家在方方面面都能够取得领先？

从这个方法论的视角来看，本作品就做得不错。2020年，轮探1井在地下垂深8882米获得5亿年前的高产油气流，成为亚洲陆上第一深井；我国石油人在塔克拉玛干沙漠地下7000～10 000米的超深地层发现富满油田，勘探难度达到了极限。这些都是妥妥的能够引起受众情绪共鸣的案例。

科学传播作品是否要"煽情"？我认为应该需要。这里的"煽情"并不是负面的煽动，而是让大众在接受科学知识的同时，也能够萌发出对我国科技成就的浓浓自豪感和自信心。

廖雅琪

讲解词题目就是讲解主题，主题明确。选手运用打比方，把抽象的"地球物理勘探"概念，解读为"打开地下宝库的金钥匙"，类似于"我们对地球做CT"，讲解语言生动，形象。讲解重点是石油地球物理勘探如何做，选手运用提出问题，解答问题思维，通过关键性设问，首先解答地球勘探主要步骤是什么？第一步，地震数据采集；第二步，将透视地球所获得的地震数据进行处理，得到给地球拍的 CT 图像；第三步，地震解释。

选手知识层次逻辑思维清晰，运用解决问题技术思维，同步讲解采用自主研发的 G3HD 有线地震仪器、eSeis 无线节点地震仪、EV-56 高精度可控震源等先进的装备和技术，及自主研制的 Geo East 地震数据处理解释一体化系统，展示中国地球物理勘探科技实力。而技术人员绘制地层构造图，找到与油气有关的地质信息，锁定油气藏的位置，则是高科技人才竞争的实力。

康 佳

选手张芊的科普讲解作品整体风格轻松、干练，语音面貌姣好。飒爽的身姿、清晰的表达让受众眼前一亮，能够吸引受众紧紧跟随选手节奏，从而让受众得到有效科普。着装造型是舞台形象中重要的一个板块，得体的着装造型是舞台礼仪的基础，选手张芊西服套装简洁大方，无过度装饰点缀，更加放大了选手干练、自信的台风与气场，同时妆发的设计非常适合镜头。

选手张芊的科普作品中多媒体辅助手段 PPT 的运用非常到位，在一些知识点拆解、实验模拟部分，后方 PPT 内容与语言表达完美契合，同时大量动画展现形式代替传统的幻灯片播放，效果倍增，使得选手的讲解效果更加生动形象，在此基础上，选手自身所具备的专业知识储备、语言表达素养、舞台形象充分发挥出闪光点。

同时，当科普讲解走向舞台，选手要更加了解舞台设备的性能与作用，例如话筒，话筒在收音的同时，也会放大我们的一些呼吸气口声音、吞咽口水声音、口腔开合"喷"音等，语音面貌在科普讲解中占据着很大的分量，因此讲解选手们也要多多注重在语音发声上的练习。

小药丸，大学问

广州代表队　戴露莹（华南师范大学）

首先我想问大家一个问题，当我们身体不舒服时通常会怎么做？看医生，然后吃药。不知道大家在吃药时有没有遇到过和我一样的困惑，为什么有的药一定要整粒吞服，而不能掰断服用呢？其实这就涉及药物剂型的问题。根据国家基本药物目录，我们可以看见药的剂型有很多种，今天我们一起聚焦一些常见的口服剂型，通过进一步的探索，尝试解答刚才的疑惑。在此之前先为大家介绍一个名词——药物崩解，它指的是药在吸收前物理溶解的整个过程。现在我们来看一些动图，感受一下药物崩解究竟如何发生，请大家注意比对不同剂型的药物崩解的时间。

通过观察，我们可以发现不同剂型的药物崩解时间有快有慢。以布洛芬为例，常见的剂型有缓释胶囊、软胶囊、颗粒剂等，其中软胶囊是用外层的胶皮包裹着里面的药物溶液，释放较快，可以用来快速止痛，而缓释胶囊释放相对较慢，可以延长药物作用。比如，想缓解头痛，可以使用布洛芬缓释胶囊，达到长时间止痛的效果。而颗粒剂相对常规的药丸溶解得更快，把布洛芬设计成颗粒剂有助于快速消炎退热，因此布洛芬颗粒常被用作退烧药。

那么问题来了，为什么这些口服药要被设计成这么多种不同的剂型呢？结合刚才的分析我们可以发现，不同的剂型对应的崩解过程千差万别，而这会直接影响药物崩解的时间，进一步影响药物释放的速度，通过控制药物释放的速度来满足不同的治疗需要。不同的药物性质不同，如在胃中容易分解，或者是容易对胃造成强烈刺激的一些药物，可以在外层包裹特殊材料制成肠溶片、肠溶胶囊的剂型，就能使它在胃内不会崩解，而是到达肠道后才发挥药效，可见剂型也会影响药的崩解位置。如果把肠溶片这样剂型的药掰开服用，不仅破坏剂型，而且会伤胃。再看治疗高血压的硝苯地平控释片，如果掰开服用甚至会有生命危险，其原因也在于剂型。硝苯地平控释片是把药物装进了一个用激光打了孔的小壳中，当它进入人体后，下层逐渐吸水膨胀，从而推动上层的药物从小孔中匀速释放，使得药效维持时间长，如果把它掰开服用，药物进入体内迅速释放，血压骤降，很容易引发不良反应，甚至危及生命。因此，像控释片、肠溶片等剂型的药不能掰开服用，否则既破坏剂型，影响药效，而且还会对人体造成损害。

综上可见，药物的剂型会影响其崩解时间和位置，而这两者也会作为剂型设计时的重要考量因素。这些年在党的领导下，我国投入了大量的人力和资金用于进行药物的研发和创新，从而让更多的老百姓用得起药，用得起放心药，用得起优质药。

最后，也希望在我国药学快速发展的同时，咱们老百姓能了解其背后的原理，科学用药，让小药丸真正助力我们生活品质和生命质量的提高。"走进科技，你我同行"，我们共同期待下一次的探索之旅。

)))(((科普最强音

扫一扫，观看视频

作品赏析

马 莎

寻医问药，是人人都避免不了的生活经历，但大多数人对医药知识往往"似懂非懂"，不能正确遵医嘱服药，而是依从直觉和经验，造成健康隐患。医药类科普旨在消除这一类常见误解、偏见甚至恐惧，是普通人喜闻乐见又极有意义的选题，但要把好题目讲好也并非易事。本篇聚焦常见的药物口服剂型，其实是选择以此为途径，带领听众走向遵医嘱的底层逻辑，即隐藏在药品用法背后的科学原理。

讲稿的基本结构按照"是什么、为什么、怎么办"来设计。首先，直述"药物崩解"这一概念，配合视频，让听众确知不同剂型的崩解时间不等；其次，以分类法结合例证法，说明为什么需要以不同剂型来控制药物释放速度，以及擅自破坏剂型、随意服药可能会有的危害。这一部分讲解对于分类的处理既严谨又周详，实现了化繁为简、厘清思路的分类剖析目的，也体现了撰稿人优秀的思维逻辑。由此，在逐层理解药物基于不同剂型发挥药效的机制之后，听众对于"怎么办"的回答也就不言而喻了。

所谓科学素养，本应包含科学知识和科学思维两个层次，好的科普讲解不但能传播科学知识，也能为听众展示科学思维模式的效力。

李 钢

不看不知道，一看吓一跳。原来，吃个药也有这么多的门道。原来，有些药掰开服用甚至会有性命之虞。本作品让人知道了一个很有用的概念：药物崩解。

这个概念固然比较专业，但是其内涵却不由得人们不去关注。通观作品，其实讲解药物崩解知识，只是一个外壳，真正让人关注的是其中的一句话：科学用药——真正助力生活品质和生命质量的提高。有了这样的内核，就一下子拉近了与受众之间的距离。

而且我也相信，这样的作品比较容易形成二次传播：会有更多的人愿意将本作品进行转发，从而突破圈层，形成广泛传播。

本作品还具备了一个很好的传播特点：长期性。科学传播作品和新闻报道不同的地方在于，它并不是一个快消品，而是一篇具有实用性、专业度的作品，其传播价值会一直存在。

廖雅琪

讲解词题目"小药丸，大学问"巧妙地将药物剂型与药物崩解原理关联起来，以小见大。选手解答专业术语规范，易懂，使用动图，图文配合，介绍专业名词"药物崩解"，它指的是药在吸收前物理溶解的整个过程。选手讲解思路清晰，知识概念层次分明，围绕药物剂型，药物崩解两者之间的关系，解答药物剂型不同，药物性质不同，会影响药物崩解时间和崩解位置；药物崩解时间，药物崩解位置是药物剂型设计时重要的考量因素。

选手善于举例，如布洛芬常见的剂型有缓释胶囊、软胶囊、颗粒剂等，说明不同剂型口服药，药物崩解时间有快慢区分；善于将药物崩解的药学原理贯穿讲解过程，引导听众科学用药，学习药理知识。通过设问互动，有序推进讲解活动。

康 佳

选手戴露莹作品的科普传播性强，在科学知识剖析讲解部分处理细致、深入浅出、清晰易懂，是非常适宜大众传播的科普讲解。同时，选手在讲解中设计的舞台动作恰到好处，如在讲解"小药丸、大学问、释放、骤降"等时，选手配上了合适且自然美观的手势动作，这是非常值得学习借鉴的。肢体动作是舞台的最强辅助，不仅可以丰富选手的舞台效果，还可以提升选手的舞台感染力，具备感染力的讲解更能深入人心、打动受众。

讲解者与观众的关系，就像领跑员与跟随者，选手就是领跑员，在讲解中要时刻关注跟随者的接收情况，如果语速过快、知识点输出过于紧密，观众的思维跟不上很容易出现走神的情况，所以讲解者应该适当在表达中设计停顿与留白，如在需要观众思考的地方，或是在提出小问题的时候。在表达上不要连接过于紧密，停顿 1～2 秒，就会让观众更有互动感，让观众可以有反应与思考的空间，更好地与讲解者保持互动。

雾霾那些事儿

宁夏代表队　赵悦（宁夏回族自治区气象局）

大家好，今天我们来说说雾霾那些事。

《诗经·邶风》记载"终风且霾，惠然肯来"，可见古时候便已经有了霾的说法。霾这个字最早出现在《尔雅·释天》中，"风而雨土为霾"，意为霾是沙尘，像雨一样下来，从这句话中我们便可得知古时候的霾跟现在说的霾不一样。古代的霾是指北方春季常出现的沙尘天气，而现在更多的是指人为排放的污染物颗粒。

说到这里问题来了，现在我们遇到这种空气混浊、能见度低的天气时，经常会说雾霾，而不是单独的霾，这是为什么呢？首先我们要区分一下雾和霾其实是两种不同的天气现象，雾是水汽充沛时空气中的水汽遇冷液化形成的，相对湿度接近饱和，颜色为乳白色，边界感很清晰。霾则是大量烟尘微粒，相对湿度比较小，颜色为黄色、橙灰色，边界感不明显。

之所以把雾和霾放一块说，是因为它们可以相互转化，大气中形成霾的微小颗粒可以是形成雾的凝结核，霾在大气相对湿度从低向高变化的过程中，一部分就变成了雾滴，污染物藏在雾滴里面了，当雾滴蒸发，形成霾的微小颗粒就再次现身悬浮于大气中。而这些颗粒物会大量出现在空气中，既有扬尘的贡献，更有污染物排放的出力，如燃煤、汽车尾气、生物质燃烧等。在大气层结构稳定及风力较小的情况下，这些微小颗粒会吸收水分不停增长，并且伴随逆温，也就是高空的气温比低空气温更高，像锅盖一样的逆温层笼罩在城市上空，锅盖内的大气无法与外部进行对流，在这种气象条件的助力下，污染物便会在内部堆积起来，形成雾霾天。

雾霾带来的后果可不只有影响交通出行，更多的是危害人体健康。这种可吸入粒子携带的毒性，除了会影响呼吸道，引起呼吸道疾病，如哮喘、咳嗽，还会诱发皮肤系统疾病，以及高血压、恶性肿瘤等，甚至有些颗粒物可以通过鼻腔直接入脑。所以在雾霾天大家尽量减少外出，若必须外出需戴好防护口罩。

有人可能会问，有没有一种办法能彻底治理全国的雾霾？答案是否定的，由于雾霾成因与地区经济发展和产业结构密切相关，所以治理雾霾需要因地制宜，不能一刀切。有些地方因为工业燃煤没有做到超低排放或者燃烧未经处理的散煤，燃煤排放的污染物较多，而有些城市不存在燃煤污染，但汽车排放的污染物却很多，因此雾霾治理要针对不同污染源采取不同的措施。

令人欣慰的是，近些年全国各地努力探索，在产业结构转型、科技污染防治等方面做了大量工作，空气质量得到了明显改善。当前我们正在实现环境保护和经济发展双赢之路上奋力前行，那么从个人来说，我们呼吁大家在日常生活中都能够践行低碳环保理念，为治理雾霾贡献一分力量。

扫一扫，观看视频

作品赏析

马 莎

前文讨论过写作中的文体互生现象，这已在不少讲稿中有所体现。不过，在以说明为主的文体中渗透诗意的，本篇还是一枝独秀。说到雾霾，恐怕常与厌恶、烦闷、压抑等负面情绪联系在一起，但本篇却成功营造了一种雅洁的氛围，令听众愿意平心静气、耐心聆听。

这种氛围感的形成，首先得益于引用了《诗经》与《尔雅》。《诗·邶风·终风》是一首情诗，"终风且霾"既是借物起兴，也是比喻情人的狂暴放浪，表达心中有怨；但其人时而"惠然肯来"，于是难以割舍，终究"莫往莫来，悠悠我思"。《尔雅》则是"字书"，类似今天的百科词典。引用这两本经典来释说名物，本就是正统的儒家笔法，孔子曾教育孩子"不学诗，无以言"，原因之一正是《诗经》中写到各种自然名物，读之能令人增长见闻。如此开篇，不但有历史文化色彩的润饰，

也能说明"霾"的源远流长，更有了解的必要。

在释说定义时，本篇还注重运用对比法，将常常连用而易于混淆的"雾"与"霾"进行细致比对，进而在对比中说明雾与霾可以彼此转化的核心在于微小颗粒，再顺势说明微小颗粒的形成、堆积和危害，最后介绍雾霾的治理原则——应针对成因。从雾、霾对比开始，文章几乎并未使用修辞格，但每一部分内容都如水逐波，前后承接极为流畅，体现出不假雕琢而清新自然的组织风格。善用经典，行云流水的文风，加上优美的古琴配乐，共同构成了本篇独特的古典气质，令人见之望俗。

李 钢

终于有人能够把雾和霾的区别说清楚了。雾霾天气，曾经一度成为我国不少地区的环境问题，但是即使如此，雾和霾究竟是什么，两者之间有何不同，大多数人对此都不太清晰。故本作品系统阐述了雾和霾的相关知识，还加入了我国古代对于霾的描述，相当有趣。

我们从事科学传播，与一般的自媒体进行内容创作吸引关注不同的是，我们承担着答疑解惑、提高公民科学素养的重要责任。在这样一个信息繁杂的时代，优质的科学传播作品始终是少数，我们所看到的，是大量的没有科学逻辑的错误信息在互联网世界中四处漂浮，如同雾霾一般让人看不清正确的方向。因此，将我们的创作能力与高度的责任感结合，为大众提供优质的科学知识和思想，正是我们所要努力的方向。

廖雅琪

选手运用对比思维，对比霾概念的古今内涵，古代的霾是指北方春季常出现的沙尘天气，而现在更多是指人为排放的污染物颗粒。选手讲解知识概念准确，概念之间的逻辑关系清晰：雾和霾是两种不同的天气现象。

选手通过不断设问，层层推进讲解活动。为什么雾霾合成一词？因为雾和霾可以相互转化。雾和霾如何转化？大气中形成霾的微小颗粒可以是形成雾的凝结核，霾在大气相对湿度从低向高变化的过程中，被逐渐包裹形成雾滴；当雾滴蒸发，形成霾的微小颗粒就再次现身，悬浮于大气中。逆温层像锅盖笼罩在城市上空，锅盖内的大气无法与外部进行对流，在这种气象条件下污染物便会在内部堆积起来形成雾霾天。选手讲解观点明确，雾霾影响交通出行，危害人体健康，雾霾治理要针对不同的污染源采取不同的治理措施。

康 佳

科普讲解作品是否具备较强的可传播性，语音面貌是其必备因素之一。对于选手语音面貌的考察主要侧重于其普通话是否标准、吐字发音是否清晰、音色是否圆润饱满，选手的科普讲解作品中所呈现的语音面貌是完全符合传播要求的，因此整个作品即使无"视"只"听"，也能够完全清晰地理解其传达的科普知识点，尤其难能可贵。

讲解能力是科普讲解人员的重要素养，"讲"能力的展现主要体现于语音面貌、表达技巧，而"解"能力的体现则是讲解员自身是否对知识点有足够深入的了解，针对受众，又能否站在对方的心理角度上思考，将"我讲解"的心态转化为"您理解"的目标，使知识点能够深入浅出地传播给受众，这便是"讲解"合二为一的重要性。选手赵悦具备较强的讲解素养，能充分发挥自身所具备的科普专业性，通过动画演绎、文稿设计、语言表达等多方位结合，从而呈现出具有可传播性的科普讲解作品。同时，如果选手能够在舞台或镜头前根据文稿层次设计舞台调度，将更能展现出自信、专业的台风。

"猿"口普查

云南代表队　普庆瑜（玉溪市自然资源和规划局）

清晨，当第一缕阳光照射到哀牢山，西黑冠长臂猿开始了它们的晨啼，雄猿口哨般长鸣，雌猿以短促的鸣叫声应和，形成优美的二重唱。1000多年前，或许就是这样的天籁之音，触动了李白的心弦，让他写下"两岸猿声啼不住，轻舟已过万重山"的诗句。

头戴一顶"小黑帽"的西黑冠长臂猿，是国家一级重点保护野生动物，全球种群数量约1500只，被世界自然保护联盟列为极度濒危物种。

位于云南玉溪的哀牢山国家级自然保护区新平片区，是西黑冠长臂猿种群数量最多、分布最集中的地方。今年3月，保护区管理局开启了第二次"猿"口普查，对于这群只闻其声、难见其貌的"树冠精灵"，"闻声识猿"成了调查其种群数量的独特方式。

"猿"口普查工作通常分两步走：

第一步是闻声定位。调查队伍分为两组，在不同地点同时记录猿啼的方位和声音大小，通过三角定位判断猿群的位置。西黑冠长臂猿有很强的领地意识，一个猿群的活动范围在150公顷左右，因此，可以将鸣叫声发生在相距1000米以上的长臂猿判定为两群，从而推测出调查范围内共有多少个猿群。

第二步是听猿定数。西黑冠长臂猿习惯以家庭为单位分散居住，在雄猿高亢的长鸣声带动下，雌猿会发出激动鸣叫。通过不同的鸣叫声，可以推测猿群的成员构成和个体数量。如果只听到一只雌猿鸣叫，就推测这群长臂猿为一夫一妻群体；如果有两只雌猿随声应和，就推测这群长臂猿为一夫两妻群体。

据相关调查结果显示，近年来哀牢山国家级自然保护区新平片区的西黑冠长臂猿种群数量实现稳步增长，这些数据述说了无数科学家和巡护员扎根深山听猿寻猿的故事。

"猿"口普查，是保护这一珍稀物种的基础，作为哀牢山森林生态系统的旗舰物种，西黑冠长臂猿是森林生态环境好坏的标识牌，因为它们赖以生存的家园必须是一个少有干扰、生态系统完整的地区,保护它们就像撑开了一把保护伞,也间接保护了生活在这里的所有生物,保护了珍贵的原始森林。

"万物各得其和以生,各得其养以成。"生物多样性使地球充满生机,也是人类生存和发展的基础。愿千山长青,猿声长鸣,因为这是我们共同生活的家园,他们的未来也是我们的未来。

科普最强音

扫一扫,观看视频

作品赏析

马 莎

本篇主题是濒危动物保护的方式和意义,在具体知识之外,讲稿撰写中的精准意识令人为之击节。

这种精准意识首先体现在选材之中,濒危动物保护是一个严肃而又所涉颇广的话题。以哪种濒危动物为主角?重点讲解哪方面知识?既要在短时间内抓住听众兴趣,又要突出这一工作的难度和价值,自然是需要仔细斟酌取舍的。大熊猫、东北虎、雪豹等已然较获世人关注,赤颈鹤、野骆驼、鼬鹿等又不易唤起人们的共情,而以长臂猿为主角,以"闻声识猿"这一独特的种群数量调查方式为普及要点,能够巧妙地连接感性与理性,使听众两方面需求都得到满足。

理性部分自然是对闻声定位、听猿定数等特殊知识的讲解,令听众得以增长见闻,而感性部分则主要是在开启话题时,清晨阳光、猿声重唱和李白诗句共同勾勒了一幅优美而富有诗意的自然图画,也是对听众的一个提醒:猿类因其形似人,自古以来便与人类有着相当密切的情感连接。郦道元《水经注》记载,三峡两岸"常有高猿长啸",其声"哀啭久绝",正是"巴东三峡巫峡长,猿鸣三声泪沾裳",故而历代诗人常以"猿啼"寄托离愁别绪,如杜甫"风急天高猿啸哀"、高适"巫峡啼猿数行泪"等皆是。不过,李白这首诗里写猿啼,却难得地

运用了较为轻快的笔调，这是因为当时李白本在获罪流放途中，忽遇大赦而得以东归，心境舒畅，闻猿声亦不觉其悲了。讲稿在诸多提及猿啼的诗中独取这一句，契合开篇氛围，其精准意识同样表现在用典使事上。

李 钢

话题本身是非常有趣的，也没有人会想到，原来除了做人口普查之外，我们还得想办法对猿群进行"猿"口普查。"闻声定位""听猿定数"等讲述也足够清晰和简洁，满足了受众所产生的好奇心。

如果说本作品的不足之处，那就是开头部分。开头的文案很有氛围感，但是略显冗长。新媒体时代的到来，其实也很大程度上改变着内容创作的方式。传统媒体时代，人们"打开即阅读"，所以内容上追求精致，让读者在阅读过程中产生愉悦感。而在新媒体时代，这个流程变为"打开才阅读"，首要的是要吸引人"打开"，所以要使用好标题和作品前10秒，直接将足够吸引人的内容摘要式地呈现出来，如果不能在短时间内抓住受众的眼球，恐怕就要被他们的手指给"划走"了。

廖雅琪

讲解词主题突出，选手界定概念准确，西黑冠长臂猿，是国家一级重点保护野生动物，全球种群数量约1500只，被世界自然保护联盟列为极度濒危物种。

选手讲解思路非常清晰，准确告知第二次"猿"口普查对象是西黑冠长臂猿，开启时间是2022年3月。简明扼要地讲清楚了为什么普查："猿口"普查是保护珍稀物种的基础；重点突出讲解了"猿"口普查具体怎么做："闻声识猿"成为种群数量调查的独特方式。"猿"口普查工作分两步走：闻声定位，听猿定数；第一步是闻声定位，调查队伍分为两组，在不同地点同时记录猿啼的方位和声音大小，通过三角定位判断猿群位置。第二步是听猿定数，西黑冠长臂猿习惯以家庭为单位分散居住，在雄猿高亢的长鸣声带动下，雌猿会发出激动鸣叫，通过不同的鸣叫声可以推测猿群的成员构成和个体数量。选手讲解语言生动、优美、简洁。

康 佳

选手普庆瑜的科普讲解作品完整度高，丰富且规范的舞台肢体动作在视觉上能够较好地辅助增加选手的讲解感染力，也让受众更容易理解其所讲述的知识点原理。选手的文稿设计从受众的角度出发，更关注受众接受知识的心理过程，层次分明，知识点循序渐进，让作品在视听上清晰明了。

同时，选手在舞台镜头前的姿态可以向电视主持人的形体状态借鉴，无须采用接待礼仪中的标准姿态，舞台是需要展示自我、突出个人风采的，而接待礼仪中的形体姿态并不贴合舞台形体姿态的要求，两者不能通用。男士选手在舞台上的形体姿态要做到挺拔，女士选手则更注重舒展与优雅，同时在舞台调度上要自然放松、充满自信。

人工引雷可以这么"酷"

四川代表队　文川东（南充市气象局）

去年7月，一段炫酷的雷电视频在网上引起了大家的关注。视频中，一枚带有金属导线的小火箭迅速飞上云端，突然一道闪电划破长空，笔直入地，颇有电影大片的即视感，不过这高能燃爆的一幕可不是什么电影特效，而是先进的人工引雷技术。不少网友直呼"哇，人工引雷可以这么酷"，也有不少网友提出疑问，打雷我们躲都来不及，为啥还要去引雷？引雷又有什么作用呢？今天就随我一起，揭开人工引雷背后的秘密。

相比于我们熟知的避雷针，人工引雷的不同在于我们是主动从天上将雷引下来，而不是等那雷电打在避雷针上，其中引雷火箭是人工引雷最主要的方式。火箭的外壳由复合材料制成，内部安装有发动机和点火电炮管。为了让火箭能够更平稳地降落在地面上，在其顶部安装了降落伞，尾部的金属丝更是引雷的关键角色，它的作用就是在火箭的上升过程中，在空中制造一条引雷路线，让雷电沿着这条路线打在指定的地面上，这对金属丝的强度、粗细要求非常严格，强度上自然是越强越好，但重量要足够轻才行。研究人员经过试验后发现，直径为0.2毫米的细钢丝是作为导线的最佳对象。不仅如此，火箭的上升速度最好控制在每秒150～190米，因为上升过快容易将火箭尾部的金属丝拉断，太慢了又赶不上带电粒子的漂移速度，同样无法实现引雷。

说到这，不少朋友肯定想问，既然引雷如此费力，那人工引雷又有什么作用呢？这是因为人工引雷能提供最接近真实的自然雷电模拟源，不但可以用于雷电相关的物理研究，还能对雷电防护装置的性能进行综合实验和评估，从而为我国的雷电监测、预报、预警、雷电防护技术研究和开发提供必要的基础平台，大大提高了我国雷电灾害的预防能力。不仅如此，雷电还是一种强大的能源资源，如果我们能掌握并储存它的能量，将为人类带来不可估量的价值。

科技创新，气象先行。如今，我国的引雷技术已经达到了世界领先的水平，相信随着气象科技的不断进步与发展，我们一定能用科技与智慧的力量去创造下一个气象奇迹，为全球防灾减灾做出新的中国贡献。

扫一扫，观看视频

作品赏析

马 莎

熠熠雷电，自古象征着深不可测的天威，如今却被现代科技驯服，成为人类的工具。这是一个令人浮想联翩的选题，不过本篇讲稿完全摒弃了雷电话题中较易发挥的神秘主义色彩，只将目光聚焦于现代部分。开头以炫酷小视频演示人工引雷技术，紧接着借网友之口迅速抛出问题，提示两部分主体内容：一是人工引雷的方法，重点介绍开头视频中出现的引雷火箭；二是人工引雷的作用，包括对雷电物理理论研究与雷电防护研究两方面的意义及未来将雷电作为能源开发的价值。

值得注意的是讲稿撰写时对两个主体内容采取了不同的处理方式，尽管所占篇幅基本均等，但笔法却有显著的粗细之别。在讲解引雷方法时，主要围绕引雷火箭这一具体对象展开，是将火箭的设计原理、制造技术和运行细节一一拆分，进行具体而微的说明；而在讲解引雷作用时，涉及诸多科技领域，限于写作空间，只能宏观概述，一笔带过。能够依据不同的对象和写作目的选择恰当笔法，正是写作意识敏锐的表现。

整体而言，本篇讲稿节奏干脆、笔法利落、逻辑清晰，意外地契合了开头"闪电划破长空"的视效意蕴。

李 钢

本作品在一开始就给出了一个很"酷"的开头：一个从天而降的闪电，居然是人工引雷形成的。这样就给出了受众一个追问下去的理由：人工引雷是什么，它又有什么样的作用？这就是我之前所说的，要让受众产生好奇心和探索欲，让他们来追问和探索，而不是你一厢情愿地表达。

在让受众产生足够的好奇心之后，我们要继续努力，让他们的好奇心不停地在胸中回荡，有更多的问题产生，亟待有人能为他们进行解答。

所以，当选手讲出，引雷火箭是人工引雷最主要的方式时，你就要开始追问了：火箭又是如何引雷的呢？问题还在不断出现，既然这么费劲，为什么还要进行人工引雷呢？原来是要提供最接近真实的自然雷电模拟源，用于科学研究及检测雷电防护装置的相关性能，最终是为了提高我国针对雷电灾害的预防能力。

所以我们可以看出，科学传播的过程并不是平铺直叙的，而是要用某种方式抓住受众。这些方式中，最佳的选择莫过于让受众产生强烈的好奇心，让他们主动来参与探索。

廖雅琪

选手运用对比思维引入新概念，人们熟知避雷，对人工引雷是陌生的，人工引雷是我们主动从天上将雷引下来。引雷火箭是人工引雷最主要的方式，讲稿中使用专业术语准确，知识概念层次清晰，将引雷火箭，降落伞，金属丝等在人工引雷过程中所发挥的作用有序呈现：火箭的顶部安装了降落伞，尾部的金属丝是

引雷的关键，它的作用就是在火箭上升过程中，在空中制造一条引雷线，让雷电沿着这条路线打在地面上。

选手讲解思路清晰，善用实验数据说明，直径为0.2毫米的细钢丝是作为导线的最佳对象；人工引雷火箭的上升速度最好控制在每秒150～190米，很好体现了科技的精准性。选手通过设问，很好地解答了人工引雷的作用，人工引雷能提供最接近真实的自然雷电模拟源，为我国的雷电监测、预报、预警、雷电防护技术研究和开发提供必要的基础平台，提高了我国雷电灾害的预防能力。

康　佳

人工引雷是一个既贴近大众生活又能引发大众好奇的优质选题，在此选题基础上，选手文川东首先用一则事件话题引入科普主题，快速将观众带入自己的科普讲解作品中，而后以小主题的形式，运用慢慢递进的方式逐个解开人工引雷的科学原理。选手的手势动作、面部表情配合得当，让科普讲解作品整体呈现出规整感，得体的微笑又不失亲切感，是男士选手中在观众距离上处理较得当的模范。

选手在语言表达技巧上功底扎实，能够在准确的位置运用重音、停顿、留白等技巧设计，尤其是善于运用停顿的方式，让受众有思考消化科学知识点的时间与空间，从而更能激发受众的跟随性，大大提升了受众在接受此科普讲解作品时的专注时长。重音的准确运用则是帮助了选手在进行长时间不间断表达时，依然能够保持姣好的音色，有效突出重点信息的传达。

"点草成金"的幸福草

福建代表队　黄文婷（福建省广播影视集团）

很多人是通过今年 10 月 16 日中国共产党第二十次全国代表大会认识福建农林大学林占熺教授的，而更多的人熟悉他则是由于热播剧《山海情》，剧中林一农教授的人物原型就是林占熺。

1986 年，林占熺教授发明了菌草技术，虽然不起眼，但是能够有效地解决菌林矛盾这一世界难题。令人骄傲的是，直到现在国际上菌草的英文名字都是汉语拼音 Jun cao，因为菌草技术是我国拥有完全自主知识产权的原创技术。

菌草其实是一个广义的概念，在 30 多年的科学研究中，林教授通过系统选育法和菌草栽培食药用菌的三级系统法选育出的菌草草种包含了芭蕉科、豆科、菊科、伞形科等 49 种，而我们如今常常提起的菌草和巨菌草只是它们当中的一小部分。那么菌草究竟有什么用处呢？最初它被用于食用菌和药用菌的培养基，经过多年的选育和创新，它的功能也从最初的以草代木种菇拓展到菌草饲料、菌物肥料和菌草生物质、能源开发等领域。菌草同时还是生态治理的先锋植物，它的光合作用效率是阔叶树的 4 ~ 21 倍，在我国南方年亩产鲜草能达 20 ~ 33 吨，每亩地年吸收二氧化碳 6 ~ 6.7 吨。巨菌草的根、茎和叶均含内生固氮菌，对其进行固氮酶活性测定后已经发现了 30 多株具有较高固氮能力的菌株，它们的根系发达，蓄水能力好，水分利用率是青贮玉米的 3 倍以上，适应性特别广。

这几年我们也一直跟踪报道这株"幸福草"在乡村振兴及援外等领域所做出的贡献，在今年农民丰收节前夕，我们也特别策划了《十年中国梦 菌草丰收季》的直播节目，这场直播跨越了很多地方，包括福建、内蒙古、宁夏、河南四省等，同时连线了中非和墨西哥，分别抓取了菌草在黄河安澜、生态改造、乡村振兴、世界贡献等方面的不同成果，多点即时即景地展示了福建菌草人的新贡献和背后的不懈努力。

我们来看看其中的一个地方，这个地方就在内蒙古乌兰布和沙漠和黄河"握手"的地方，其流沙最严重的路段被当地人称为"阎王鼻子"。在这里种上一株巨菌草，它的须根能够固沙18平方米。在年平均八级风沙，空气相对湿度只有5%～8%，年平均降水量不足100毫米的荒漠里都能够种植巨菌草，并且仅需短短的90天就能有效阻止1400吨的黄沙输入黄河。不仅如此，幸福草还不断地在世界版图上扎根，如今菌草已经传播到了全球106个国家和地区，成为践行人类命运共同体理念的友好使者，更为推动中国减贫事业和助力全球可持续发展贡献着中国智慧、中国方案。

林占熺教授可以说一辈子在田地、山上、沙漠中摸爬滚打，尽管已年近八旬，但是这位菌草技术发明者仍然是步履不停，以菌草助力着"一带一路"建设，为造福全人类而孜孜不倦。

科普最强音

扫一扫，观看视频

作品赏析

马 莎

说到非虚构写作，新闻报道是其中比较典型的一种，本篇讲稿的写作形式便与此相似。新闻写作的目标是尽可能客观地向公众进行信息传递，通常有着较为严格的修辞要求：真实性是第一位的，因此要用事实说话，避免过于情绪化的表述；同时又必然具有鲜明的思想导向性，因此要通过合理的陈述和说明，引导受众的注意力和思维路径。

对照本篇讲稿，受过新闻写作训练的痕迹相当明显。开头便是人物特写常见的起句，以传播度较高的影视媒介来唤起听众对新闻人物的亲切感。接下来略过一切背景或经历，类似定位特写，直接把焦点放在林占熺教授发明的菌草技术上：首先，介绍菌草技术是我国原创的领先技术，因此国际上以汉语拼音命名，值得骄傲，是通过事实精准传递思想的典型技巧；其次，具体说明科技成果，包括菌

草的概念和用途，通过举例对其中的科技知识作通俗化处理，以便于听众理解，并且在举例时结合了群案与个案两种形式，前者是跨越各地的丰收直播，后者是内蒙古荒漠的治沙成果，两者并用既表明了普适性，又突出了重点；最后，叙述由相对具象的事例上升至相对抽象的总结，将菌草喻为中国智慧贡献于世界的代表。结尾镜头拉回到林教授身上，既是呼应开头，也从技术回到人物，为科技报道增加感情色彩。与前篇对照，本篇讲稿的叙事距离显然比较远，多为简洁陈述，几乎不涉及细节和心理活动，自然也会给听众留下不同的印象。

在内容和表演之外，科普讲解的撰写也是值得研究的对象，易多加比较，细加斟酌，为不同主题选择恰当的写作策略，使之更具魅力。

李 钢

热播剧《山海情》中出现过的"菌草"，已经为这一选题打好了能够热传的基础，再加上发明者：二十大代表林占熺，形成了双重的"明星效应"。

从内容上看，作品充分利用了这一主题的先天优势，呈现出了"菌草"所具有的种种"点草成金"的特性。在作品中，提到了菌草在治沙固沙等领域中的应用案例，这样的案例，其实完全可以前置呈现，用讲故事、讲案例的方式，让受众从电视剧中跳脱出来，明白这种菌草具有极高的经济、环境价值。

此外，作品仍有进一步提升的空间。作为一个实用性极强的成果，并不需要沉浸在专业知识的介绍上。"阎王鼻子里拦下1400吨黄河输沙量"，这样的开头是不是更有震撼性和吸引力？更能引起受众共鸣？

不要限于常规，要多在内容的聚焦性上做文章，起了个不错的题目，如果在内容上进一步打磨，堪称经典。

廖雅琪

选手开门见山介绍菌草技术发明者：1986年，林占熺教授发明了菌草技术，能够有效地解决菌林矛盾这一世界难题。国际上菌草的英文名字都是它的汉语拼音，因为菌草技术是我国拥有完全自主知识产权的原创技术。题目一语双关："点草成金"指菌草技术，"幸福草"指菌草草种。

选手讲解概念思维清晰，层次分明，菌草是一个广义概念，菌草技术是我国原创技术，林教授通过系统选育法和菌草栽培食药用菌的三级系统法，选育出的菌草草种包含了芭蕉科、豆科、菊科、伞形科等49种。选手通过设问，重点突出解答菌草作用：最初它被用于食用菌和药用菌的培养基，经过多年的选育和创新，它的功能也从最初的以草代木种菇，拓展到菌草饲料、菌物肥料和菌草生物质、能源开发等领域。

康 佳

选手黄文婷的科普讲解作品风格偏向于电视节目类型，选手语音面貌姣好，字正腔圆，表达流畅自如，音色圆润悦耳，台风成熟稳健，在整体舞台镜头呈现上完美无误，是符合现代大众所接受的内容传播风格，温和清新。

普遍来讲，选手在确定好讲解主题后，会先进行文稿内容的创作，而后制作PPT辅助知识点的讲解，最后是设计舞台效果与舞台表达。在此创作过程中，文稿内容撰写时的文字是偏向于书面用语的，并不一定适合语言表达，那么选手就非常需要多进行一道创作流程——将书面语言转化为更易表达与传播的口头语言，这道工序至关重要，语法的规范流程、语言的魅力都将在此得到充分的发挥。同时，选手还需在文稿中进行表达技巧的标记，辅助其在舞台展示时表现有轻重缓急、情绪转换等变换，使讲解具有更强趣味性，这样的科普讲解作品是受众所喜闻乐见的，同时也能充分让科普内容深入人心。

历届
全国科普讲解大赛
精选汇编

2014 年全国科普讲解大赛精选

科技——让玩具成为工具

合肥代表队　葛宇春

伴着这熟悉的旋律，亲爱的观众朋友们，请回想一下您的童年生活，我是"70后"，相信这个年龄段的人童年不会有太多玩具，因此对于我们来说，滚铁环、跳皮筋、打弹子，甚至是斗鸡，这些都是脑海中不可磨灭的记忆。当我们在游戏中成长，在玩具的陪伴下一别数年后，却恍然发觉，原来生活中应用的很多工具都脱胎于我们儿时的玩具。

这个，你一定不陌生，从大自然中受到蜻蜓飞翔的启示，公元前400年中国人制成了竹蜻蜓，两千多年来一直是中国孩子手中的玩具。玩的时候，用手掌夹住竹柄，快速一搓，双手一松，旋转的叶片将空气向下推，而空气也给竹蜻蜓一股向上的反作用升力，当升力大于竹蜻蜓的重量时，竹蜻蜓就飞向了天空。这种简单而神奇的玩具，曾令西方传教士惊叹不已，称其为"中国螺旋"。到了20世纪30年代，根据"竹蜻蜓"的形状和原理，直升机的螺旋桨诞生了。科技，圆了人类的"飞天"梦。

这个简陋的东西是什么？两个圆形纸盒是话筒，一根棉线充当"电线"，纸盒一端开口，另一端贴上牛皮纸。棉线的两端用小木棒固定在话筒的牛皮纸中央。和小伙伴们各拿一个话筒，拉直棉线，一人说，一人听，声音就会通过棉线振动传递而来，这就是我们儿时的"土电话"。当我们为相距几十米却可以小声说"悄悄话"而欢呼雀跃时，应该未曾想到，其实我们真正向往的是能让信息更快更远的传递，从古人的烽火狼烟、飞鸽传信、驿马邮递，到如今利用金属导线来传递消息，通过电磁波来进行无线通信，科技，让神话中的"千里眼""顺风耳"不再是梦想。

再来看看这个，现场的男性观众，小时候玩过抽陀螺的应该大有人在吧，但是，陀螺旋转的时候为什么不会倒？在千万个玩陀螺的人中能正确回答出这个问题的大概为数

不多。好在，有一群爱琢磨的人从游戏中发现，不管地面如何高低不平，当陀螺高速旋转时，它有保持转轴方向不变的特点，并把它命名为"定轴性"。利用这个特性，人们发明了陀螺仪，装备在飞机、导弹、运载火箭中，它就像一个高精度的指南针，里面的陀螺转子强有力地转动，使陀螺仪始终指向固定的方向，无论是火箭发射还是大风大浪，都不会发生偏离。科技，让小小的玩具陀螺，转化为现代导航仪的"心脏"，让我们对浩瀚宇宙的探索之梦保持方向。

记得有位科学家曾经说过："科学技术可以是有趣、不太严肃的，可以既是玩具又是工具。"没错，开发创造者像玩玩具一样创造出一个又一个新的技术，而我们幸运地得到了这些工具，实现了一个又一个美丽的梦想。即便是小小的玩具也因此而改变，你看，以前我们这样玩……而现在，我们可以这样玩……从手动的竹蜻蜓到电动的小飞人，而未来的某一天，哆啦 A 梦中的反重力飞行器也一定能把 65 公斤的我轻盈地带上天空，因为我相信，科技，给你的永远比想象多更多。

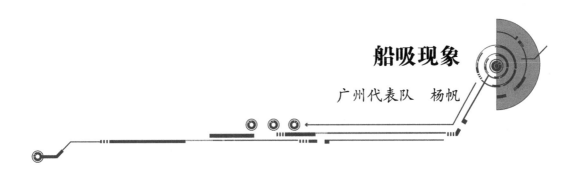

船吸现象

广州代表队　杨帆

屏幕中的图片，相信在座的各位都不陌生，这是一部非常经典的电影《TITANIC》。1912 年 4 月，这艘世界第一大邮轮，号称连上帝都无法让它沉没的泰坦尼克号，在大西洋上撞到冰山沉没了，成了 20 世纪最惨重的灾难之一。但是它今天并不是我们的主角，因为就在那一年的秋天，泰坦尼克的姐妹号"奥林匹克"，也在太平洋上发生了一起重大事故。

当时，"奥林匹克"正在大海中航行着，正巧不远处"豪克"号与它几乎是平行地高速行驶着，突然之间，那"豪克"号像是着了魔一样，调转了船头，猛地朝"奥林匹克"号直冲过去，在这千钧一发之际，无论舵手如何操纵都没有用，水手们只能眼睁睁地看着它撞向"奥林匹克"号。

究竟是什么原因造成了这次灾难的发生呢？在当时，谁也说不上来，就连海事法庭在处理这件奇案时，也只是糊里糊涂地判了"毫克"号船长指挥失误。

在解释这次事故前，我们不妨做一个实验，用手拿起两张垂直的纸，对着中间吹一下，大家说这纸是分开，还是合在一起呢？根据我们的直觉认为，纸可能会被吹向两边，但事实真的如此吗？

请看！这两张纸居然向中间靠拢了。这是为什么呢？这就是我们接下来要讲的伯努利原理，通过它来揭开灾难的真相。根据伯努利原理：流体的压强和它的流速有关，流速越大，压强越小；流速越小，压强越大。当两艘船平行着向前航行时，由于靠近，水流通道变窄，两船之间的水流速度要比两船外侧的水流速度要快，此时两船内侧的压强就要比两船外侧的压强小，这样，船外侧产生的较大压力就像一双无形的大手，将两船推到一起，造成了船的碰撞事故。"豪克"号船小重量轻，速度改变快，所以看上去好像是它改变了航向，朝着"奥林匹克号"撞了上去。现在航海上把这种现象称为"船吸现象"。

鉴于此类事故不断发生，世界海事组织规定：两船同行时，彼此之间必须保持足够的间隔、限制一定的航速等。

伯努利原理不仅和液体有关，和气体同样有关。广州的地铁方便了千家万户的出行，我们在地铁站常常会听到工作人员会提醒大家："等车时，不要越过地面的黄线"。这是因为地铁时速达到了80公里，高速的行驶使人、车之间的气流加快，压强减少，两侧的压强差就会产生一股强大的压力，如果您穿越了黄线，这就像我们之前事故中提到的那样，一个有着10千克左右力量的隐形大手把你推向地铁，从而导致悲剧的发生。

不过，并不是和伯努利原理有关的就一定是悲剧，飞机能载人上天、乒乓球里的削球技术、贝克汉姆踢出的香蕉球，就是通过伯努利原理实现的，各位能分析出其中的原因吗？

生活中，你能想到哪些例子用上了伯努利原理，使我们生活更加美好？科学就在我们身边，只要你用心去探索，就能发现奥妙所在。

神奇的"丝网"

重庆代表队　刘帅

在红岩革命历史博物馆里珍藏着许多珍贵的革命文物，其中纸类文物 1500 余件，包括"江姐"江竹筠烈士在临刑前给家人留下的最后的嘱托；还有"黑牢诗人"蔡梦慰烈士在狱中创作的《黑牢诗篇》，这首诗稿是重庆解放后在刑场上将它意外发现的。这一张张浸透着血与泪的纸稿，仿佛是一位饱经风霜的老人在向我们诉说着无法忘却的历史。

可是朋友们，您是否想过这样一个问题，这些珍贵的纸类文物经历了数十年的岁月洗礼，有的已经虫蛀破损，有的已经腐蚀发霉，我们又是如何让这些残缺不全的文物光彩重现的呢？这其中的奥秘就在于这一张薄薄的丝网。

看到这张照片中的丝网，不知道大家会不会觉得它和我们平常使用的一件物品非常相似，对，就是我们通常在医疗上使用的纱布。不过我要告诉大家，它可要比纱布神奇多了，到底有多神奇呢？就让我来为你讲述这丝网的奥秘！丝网，又名蚕丝树脂网，是天然蚕丝经过煮茧、抽丝、织网、烘干、喷洒化学试剂等工序制作而成，由于蚕丝天然的特性，经它修复加固过的纸类文物坚韧而又柔软，轻薄而又结实，既不影响复制又可长期保存。

那么，我们又是如何使用丝网，却又不露痕迹的呢？首先，将需要修复的文献平铺在桌上，平整褶皱，对好破口，先在破口的背面用一条指甲壳大小的丝网进行连接固定，使其看似一个整体，就像在衣服上打上一个小小的补丁。接着根据文物的大小将完整的丝网平铺在需要修复的破损文物上。然后进行最后一道也是最重要的工序，就是用电熨斗对丝网进行加热处理，而温度一定要控制在 80℃。这又是为什么呢？因为喷洒在丝网上的化学试剂名叫树脂黏合剂，又名热熔胶，是一种具有胶粘性能的高聚物树脂材料，如果温度太低则不易黏合，温度太高则会对文物产生影响。经过这几道看似简单却又十分精细的工序之后，一件破损的纸类文物就能奇迹般地复活了！更加奇妙的是，丝网在经过高温之后，它的颜色会由原本的乳白色变得趋于无色透明，符合了文物修复"修旧如旧"的原则。

这项技术曾获得文化部科技进步一等奖，已在博物馆、图书馆及档案馆得到了广泛的推广和运用。

如今，科技发展日新月异，人们对于丝网修复加固技术的改良和创新从未停止。现在可以用高分子材料代替蚕丝，用机器织网代替手工操作，并且改良了喷涂用的树脂材料，从而使新的丝网膜在强度、耐久性以及加膜速度上都有了较大的提高。

文物架起了历史与现实的桥梁，科技重塑了文物的灵魂和生命。朋友们，让我们一起用科学的方法保护文物，保卫我们的精神家园，保护我们全人类共同的财富。

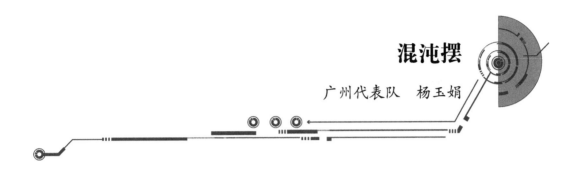

混沌摆

广州代表队　杨玉娟

大家还记得中学课本上的指数和幂吗？请看大屏幕。如果第一组等式表达的是积跬步以至千里，积怠惰以至深渊，那么第二组等式则告诉我们，每天只比你努力一点点的人，其实已经甩了你很远。等式左边细微的差距，却导致等式右边结果的天壤之别。这是为什么呢？

现在请大家继续看大屏幕，这是混沌摆，由一个丁字形主摆和三个副摆连接构成。伽利略 16 世纪就提出，单摆的运动规律是可以预测的。但这里请大家仔细观察，混沌摆的主摆和副摆时而转动、时而摆动，每一次的运动轨迹都不同，似乎找不到一种特定的规律。这又是为什么呢？

且听我慢慢道来。由于混沌摆的主摆和三个副摆相互联系，构成了一个相互关联的复杂系统。这个系统最有趣的是，如果我们想让它重复之前的运动轨迹，会发现这几乎是一个无法完成的任务，因为无论如何操作，混沌摆每一次的运动轨迹都无法复制，它展现的是 20 世纪最伟大的发现之一——混沌理论。混沌指的是在确定系统中貌似随机的不规则运动，它对初始条件极其敏感，初始的微小变化被不断放大，对结果会造成巨大的差别，也就是我们常说的"差之毫厘，失之千里"。所以如果我们想重复混沌摆的运动，必须给它一个和之前方向、大小完全一样的力，可这样的分毫不差人工很难做到，那么它的运动轨迹自然也就大相径庭了。

混沌理论听起来似乎很严肃，但著名的蝴蝶效应大家听说过吗？简单来说，就是一只蝴蝶在巴西扇动翅膀，两周后有可能会导致美国的一场龙卷风。这种说法从何而来呢？1963 年，美国气象学家罗伦兹用计算机来模拟气象变化，平时他将初始输入数据精确到小数点后第三位，可这一天，罗伦兹把数据 0.506 精确到小数点后第六位 0.506 127，让他大吃一惊的是这 0.000 127 的差异，居然使计算结果比设想的偏离了十万八千里！由此罗伦兹发现，误差会指数级地增长，造成结果的巨大偏离。他用"蝴蝶效应"形象地解释这种现象，因为在大气运动中，即使各种误差和不确定性很小，也有可能被逐级放大，形成巨大的大气运动。所以，想要长期、准确地预测天气是不现实的。

自从混沌理论面世以来，人们逐步发现许多事物如果从混沌理论出发，更有利于研究它的运动发展规律。比如医学界认为人类正常的心脏运动是混沌的，混沌理论或许能帮助预测心脏病；而经济学家们通过研究股市涨落、汇率浮动等问题，创造了混沌经济学这门新的学科。

可以说，混沌理论为人类认识世界打开了一扇新的窗口，科学界普遍认为，20世纪的三大科学革命，除了相对论和量子论，就是混沌论了。大家不妨想一想，其实混沌理论也是一门生活智慧，"少壮不努力，老大徒伤悲""千里之堤，毁于蚁穴"，现在，您对这些老话，是否有了更深刻的理解呢？

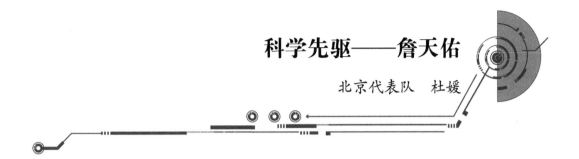

科学先驱——詹天佑

北京代表队　杜媛

　　走进中国铁道博物馆，很多观众都会在一尊铜像前驻足并且纷纷合影留念，它就是中国铁路科学界的先驱、中国人的光荣——詹天佑。

　　自鸦片战争以来，中华民族步入了一段漫长而艰辛的历程，无数仁人志士为国家与民族的独立富强进行了百折不挠的拼搏斗争，而詹天佑正是他们中的一位佼佼者。特别是由他主持完成了由中国人自己勘查、设计、施工、运营的第一条国有干线铁路——京张铁路。在修建京张铁路之前有很多国外媒体相应报道，他们说"修建京张铁路的中国工程师还未出生呢"。他们为什么会有这样的质疑？修建京张铁路到底有多艰难？现在就请大家随我一起走近这条京张铁路。

　　京张铁路顾名思义，从北京到张家口，全长200余公里，是连接我国华北与西北的交通要道，地处长城内外，途经燕山山脉，特别是南口到八达岭的关沟段地区最大坡度达到了千分之33。这是一个什么概念呢？就是火车每开行1000米就要上升33米，相当于要爬10层楼那么高，坡度极大，工程之难在当时的国内绝无仅有，世所罕见，然而詹天佑因地制宜，以用"长度"换"高度"的方法在青龙桥地区创造性地运用"折返线"原理，设计出了我们所熟知的"人字形"线路，通过这个示意图我们可以看到，前面一个机车负责拉，后面有一个机车负责推，列车到达青龙桥位置后，车头变车尾，车尾变车头，再折返回来，通过八达岭山洞，这样一来不仅降低了坡度，而且还减少了开挖八达岭隧道的长度。

　　打通八达岭隧道同样是筑路工程中一块难啃的"硬骨头"，这里地质条件复杂，又缺乏先进机械设备，全部由工人依靠铁钎大锤开凿，工程进度缓慢而且风险极高，面对种种困难，詹天佑在想，用什么样的方法既能加快进度，又能降低风险呢？他使用了"竖井开凿法"，所谓"竖井开凿法"就是从山的南北两端同时对凿，并在山的中段顶部向

下开挖两口直井,与隧道平齐,然后在井中分别向南北两端同时对凿,这样 6 个工作面同时开挖,大大提高了工作效率。1909 年 9 月 24 日,京张铁路提前两年通车,以"花钱少、质量好、完工快"的事实,建成了这条当时被中外工程界视为最艰难的铁路。这是京张铁路通车典礼上群众沿道欢庆的场面,它的建成轰动中外,圆了中国人长期来的铁路之梦。在提倡科学生活,创新圆梦的今天,詹天佑式的科学创新在现在看来又何尝不是一种创新精神的体现呢。

我们永远怀念詹天佑先生,学习他攻坚克难、藐视困难的奋斗精神,勇于创新、埋头苦干的科学精神,让我们共同为实现科学的中国梦而不懈努力,我们的强国梦也一定能够早日实现。

触手可及的光影世界

北京代表队　吴敏

　　近在咫尺的细微生物，呼啸而过的珍奇异兽，过山车般身临其境的美好感觉，现在能满足您这一切的，那就是立体电影。只要您戴上一副 3D 眼镜，就可以近距离地体会到这前所未有的视觉冲击力。为什么我们会有身临其境的感觉呢？这一切又是如何呈现在我们眼前的呢？

　　要解开这个谜团，现在，请大家请和我一起来做一个小游戏！游戏第一步，我们来闭上一只眼睛，保持住哦！第二步，伸出双拳；第三步，伸出两只手的食指；第四步，也是最关键的一步，现在我们把两个手指的指尖相对。你发现了什么？这两根手指的相对似乎有一定难度。这是为什么呢？这与立体电影又有什么关系呢？

　　早在 1839 年，英国科学家温特斯顿发现了一个奇妙的现象，人的两个眼睛之间的距离约有 5 厘米，所以在看任何物体时，两只眼睛的角度是不相同的，也就是说，存在着两个视角。就像我们把手放在两眼中间，闭上一只眼看到的是手心，而闭上另一只看到的是手背，而两只眼睛同时睁开看到的就是手心和手背。这种细微的视觉差经由视网膜传至大脑里，就能区分出景物的前后远近，进而产生强烈的立体感。而刚才我们在做小游戏时，闭上了一只眼睛，在没有视觉差的情况下，大脑无法准确区分景物的位置和角度，所以我们的两根手指才很难相对。

　　立体电影正是利用人左眼和右眼的视觉差发明的。在拍摄立体电影时，一台摄影机上会装有两个镜头分别代表我们的左眼和右眼，它以人眼观察景物的方法，同步拍摄出两条略带水平视差的电影画面。在放映过程中，将两条影片分别装入左、右电影放映机。当画面同时投放于电影银幕，就会形成左、右双重影像。这时如果您用眼睛直接观看，画面是模糊不清的，要想解决这个问题，这就需要戴上 3D 眼镜，3D 眼镜使我们的左眼只看到左图像，右眼只看到右图像，我们的眼睛通过两个不同的视角，将采集后的图像，

叠合在视网膜上，大脑就区分出图像的前后远近，从而产生了强烈的立体感，这样一幅幅连贯的立体画面就呈现在了大家眼前。

从 1839 年，英国科学家根据"人类两只眼睛的成像是不同的"发明了立体眼镜，到 1922 年，世界上第一部 3D 电影《爱情的力量》问世，一直到 2009 年，《阿凡达》这部有史以来技术最先进的立体电影的上映，用了足足一百多年。科技的发展让立体电影给予了我们"新的目光"，让我们来重新打量这个虚拟与现实、过去与未来交织的世界。

电影一直被誉为梦工厂，人们把最美好的幻想赋予影像，大屏幕上投射出的是人类最本真的渴望和追求。而立体电影的出现，给予了我们"新的目光"，让这个美梦做得更生动、更真实。随着科技的发展，我们会深刻体会到身临其境一般的观影感受，那些伸手可触的景物，使我们更加沉醉其中。

朋友们，让我们用"新的目光"来重新打量这个触手可及的光影世界，感受那亦真亦幻的电影魅力。

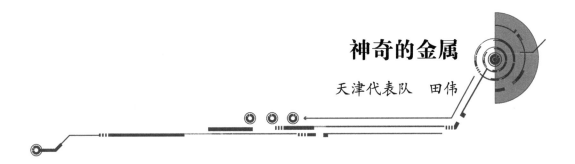

神奇的金属

天津代表队　田伟

1963 年的时候，美国海军在做科学实验时发现了一种神奇的现象：实验中要用到一种弯弯曲曲的金属丝，但这种形状的金属丝使用起来很不方便，于是他们就把这些金属丝一根根拉直，但当温度升高到一定的数值时，这些金属丝又会恢复弯弯曲曲的形状。经过反复试验，研究人员发现这种金属具有一种神奇的特性，它具有形状记忆效应，即使被弯曲变形，但当满足一定的温度条件时，它就会恢复原先的形状。这种金属是镍钛合金。

美国海军的发现引起了很多科学家的关注，传统的观念认为，只有人类和某些动物才有"记忆"的能力，难道这种神奇的金属也有记忆能力吗？经过研究后科学家们发现，很多合金都有记忆能力，这类合金被统称为形状记忆合金。科学家们还发现，大多数记忆合金还具有无磁性、无毒性、耐磨耐腐蚀的特点，应用前景非常广泛。

1969 年，镍钛合金被首次应用在工业上。美国 F14 战斗机的油路连接部位使用了镍钛合金接头，被扩大尺寸的管子轻松地套在稍小的管子之上，加热恢复形状后两根管子会牢固地紧扣在一起，从未发生过漏油、脱落或破损现象。

1969 年 7 月 20 日，美国阿波罗 11 号登月舱实现人类首次登月时携带的直径数米的半球形天线也是一种形状记忆合金制成的。航行过程中，天线被折叠存放，到达月球后，在阳光照射下达到了需要的温度，天线就又恢复成了半球形状。现在这种技术被各国广泛应用到了航天科技领域。

讲到这里，大家是不是都想亲眼看一下形状记忆合金的神奇呢？我这里有一朵用双向形状记忆合金做成的金属花，它可以记住自己常温和 60 摄氏度两种状态下的形状。下面，我把常温半开形状的金属花放到 60 摄氏度的热水中，大家能看到，花朵绽放了，而当我把它再次暴露到空气中，温度降回到常温时，花朵又恢复了半开的形状。是不是

很神奇呢?

由于无毒性的特点,记忆合金还被应用到了医学领域。骨科医生用它做接骨用的骨板,它在恢复原形状的过程中产生压缩力,能迫使断骨接合在一起;牙医也能用它矫正错位的牙齿。

形状记忆合金的发现虽然只有短短的几十年,但这项伟大的发现已经逐渐融入了我们生活的各个领域,相信我们身边很快就会出现很多用记忆合金制成的神奇的金属制品。

茅以升与钱塘江大桥

重庆代表队　张艳君

在中国民主党派历史陈列馆九三学社的展厅里，陈列着一份钱塘江大桥工程摄影图，他的设计者，就是九三学社社员，我国桥梁专家茅以升。他曾主持设计修建大量经典建筑，其中最坎坷的，要算钱塘江大桥。

钱塘江江口是典型的喇叭式三角港，每次潮水涌入，在江口的位置急剧收缩，汹涌澎湃，随之带来的还有大量流沙。就这样，水和沙成了建桥的最大阻碍。因此"钱塘江上建大桥"这句话对于过去的杭州人来说，就像是"太阳打西边出来"一样，是一个传说。

1934 年，茅以升应邀南下，建造钱塘江大桥。一动工，各种难题便接踵而至，其中最基础也是最紧迫的便是打桩。钱塘江大桥设计全长 1453 米，总荷重 65 吨，需要 1600根木桩。木桩要打进深深的泥沙层，稳稳地站在江底才算成功，可这流沙又厚又硬，打轻了下不去，打重了断桩，怎么办呢？茅以升采用的是"射水法"。所谓的"射水法"，就是将钱塘江的江水抽到高处往下冲，通过强大的水压在江底的流沙层冲出一个洞，再往洞里打桩，这样打出的桩，快、稳、准！基础问题解决了，桥梁又成了另一个难题，这梁啊，按咱们现在的话说，叫散装，到了江边才组装，组装好的梁怎么架上桥墩呢？茅以升巧妙地借助了大自然的力量，他在潮涨时用船将钢梁运至两个桥墩之间，固定位置；潮落时，利用江水下沉瞬间产生的巨大力量，钢梁便稳稳落在桥墩之上。这就是浮运法。

就这样，克服了一个又一个难题，中国第一座公路、铁路共用的钢铁大桥于 1937年成功建成！

然而，大桥建成的时候，日军进攻杭州，就当日军兵临城下之际，茅以升一声令下，瞬间，钱塘江大桥轰然崩塌！为什么如此坚固的钢铁大桥会在短短几秒之内炸毁呢？这其中是不是有什么我们不知道的设计？

咱们先看看大屏幕，这就是钱塘江大桥的全貌，每两个桥墩之间架设着一座桥梁，这个梁上下两层，中间隔着一条 M 形钢架，可别小看了这个钢架，它的作用就是将上层的公路、下层的铁路，所有的重量均匀地分散在每一个桥墩上。因此，为阻断日军前进的脚步，钱塘江大桥必须炸毁，而最快最彻底的方法就是摧毁桥墩。说到这儿，你是不是已经猜到了呢？原来，在建桥后期，茅以升已经得知日军攻占江南，为了以防万一，他在一座桥墩上方预留了一个方形的长洞，并且在洞中放置了大量炸药，做好了炸桥的一切准备。

科学没有国界，但是科学家却有自己的民族和大义。从建成通车到炸毁，钱塘江大桥仅仅存在了 89 天，却为杭州城的百姓和物资搭建了一条生命的通道。抗战结束后，茅以升回到钱塘江重新将大桥架设在波涛汹涌的大浪之上，如今，钱塘江大桥几经风雨，实现安全通车 22 300 多天，继续书写着属于它的传奇。

神秘植物——曼陀罗

广州代表队　兰岚

熟悉金庸先生武侠小说《神雕侠侣》的朋友们都知道，杨过落入了绝情谷，中了"情花之毒"，而这"情花"的真身，就是"曼陀罗"。

曼陀罗又叫洋金花、山茄子、醉心花，是一种原产于印度，并广泛分布在温带至热带地区的美丽植物。它植株高大，花冠像个大喇叭似的，有红、黄、蓝、绿、黑、白、紫等多个品种。花开的时候，那美啊，真的是令人流连忘返……

别看这曼陀罗长得漂亮，但它却是有剧毒的，《本草纲目》中记载，曼陀罗全株有毒，其中以种子最毒。若不慎误食，会在两小时之内，使人意识模糊、出现幻觉，甚至还会因呼吸、循环的衰竭而致人死亡。

曼陀罗虽有如此的毒性，但我们也不能完全忽略它的药用价值。大家知道世界上最早的麻醉药是什么吗？没错，就是由我国东汉时期的名医——华佗所创制的"麻沸散"！这一项在公元2世纪就出现的麻醉药创造了世界医学史的一大奇迹！而"麻沸散"的主要成分正是曼陀罗。古书中记载，华佗在对病人进行外科手术之前，会先让病人用酒送服合适计量的麻沸散，待到病人全身麻醉后，再对其进行手术。

"麻沸散"的出现比西方麻醉药要早1600多年，直到19世纪中期，西医才开始用笑气、乙醚等化学麻醉剂进行外科手术。在此之前，中世纪西方外科手术大夫只能通过让病人大量饮酒、放血，甚至是用棍棒击打病人头部等方法先让病人丧失了神智，再对其进行手术。当然，这些现在听起来近乎荒唐的做法，在那个没有麻醉药的时代确实也是无奈之举。

现代科学为曼陀罗揭开了神秘的面纱，其中起麻醉作用的正是一种非常特殊的化学成分——东莨菪碱。这种生物碱可阻断副交感神经，对大脑皮层有明显的抑制作用，更加神奇的是，它同时还能使人的呼吸中枢兴奋。这样一来，患者的手术过程就好像睡着了一样，始终保持自主呼吸，全身肌肉放松，大脑皮层对外界的疼痛刺激传入不再做出应答。因此，东莨菪碱在临床上可用于麻醉镇痛、止咳平喘，除此之外还可被用于治疗晕车、晕船等等，只是如果没有医生处方，是绝对不可随便乱用的。

您看看，这曼陀罗简直就是大自然馈赠给我们人类的礼物，说到它的毒，我们也可以把这看成它身体的防御功能。就如同人一样，在受到攻击、侵犯的时候，要进行防卫。所以，生活在这个大自然里头，没有任何一个物种是能够特立独行的，都是你中有我、我中有你，互相之间学会尊重、包容，和谐共处是至关重要的。

朋友们，大自然中还有许许多多未知的物种等待着我们去发现、去探索，就让我们共同努力吧！

2015 年全国科普讲解大赛精选
贝氏弯刀

广州代表队　赵霞

画面上的这个人，我想不需要我多做介绍，大家都认识他——大卫·贝克汉姆。在他的身上有许多许多的标签，时尚、矫健、man，这些特质让无数的女人为之疯狂，而他征服男人的武器更是堪称全世界无人能敌，那就是北式绝杀，精彩的弧线球。下面一起来通过一段视频，来回顾一下小贝的圆月弯刀吧。

看了这段视频相信大家都跟我一样好奇，小贝到底拥有什么神奇的魔力能够让足球呈弧线朝球门飞驰而去呢？要解决这个问题，我想我们需要先了解伯努利原理。

在稳定的流水或气流里，流速越小压强越大，流速越大压强越小。在小贝的北式绝杀当中啊，小贝用脚踢球，只踢球的一小部分，把球搓了起来，球受到了力在空中发生高速旋转，此时空气在足球的两侧一边流速大、一边流速小，根据伯努利原理分析，足球就受到一个横向的压力差，所以它就会朝着空气流速大的一侧偏移，与此同时，足球又是不断向前飞行着的，在这种情况下，足球就同时参与了两个直线运动，沿一条弯曲的弧线朝球门飞驰而去了。

乒乓球比赛当中的弧圈球也是这个原理。不止打球，我们生活中乘坐的飞机也是根据伯努利原理产生的升力。我们走进地铁站台时，看见的那条用以提醒乘客不要太靠近列车的安全黄线就是为了避免列车进站时产生的空气压力差，把乘客卷入到轨道当中，这也是生活中的伯努利原理啊。

如此看来，喜欢看球不仅是一种竞技享受，更是一种探究科学原理的趣味学习。习近平总书记说，足球训练要刻苦。我说，科学原理咱们要多多学习，这样我们的中国足球梦才能早日实现。

宫颈癌——其实你不懂我伤悲

北京代表队　王玉

宫颈癌是女性常见的恶性肿瘤，我国每年因宫颈癌死亡的妇女达到 3 万以上，每年我们宫颈癌的新发病例达到 13 万以上。宫颈癌真的那么可怕，让我们无处可逃吗？

大家请看这张图片，宫颈长在女性盆腔，在妇科检查的时候，我们会采用一种特殊的体位，大家看右边这张图，黄色的结构就是宫颈，下面就连着阴道。

对于宫颈癌的发现与提前预防，第一，我们有机会，第二，我们有时间。为什么说有时间呢？一个正常的宫颈到变成癌症，这个过程非常漫长，可以是几年、十几年，甚至是几十年。在这样一个漫长的过程当中，只要您去观察，您就有大把的时间去发现它。第三，我们有方法。给大家介绍一下宫颈癌的防癌筛查方法——TCT。TCT 检查要求覆盖的人群非常广，所有 21 岁以上有性行为的女性应至少每三年做一次 TCT 检查。那我也想问一下在座的适龄女性，没做到的请举手，没有人举手，非常棒，说明大家的防癌意识非常的科学。

TCT 检查非常简单，还请大家看我，假如我的手就是宫颈，现在我只需要这样一个小毛刷，在宫颈上顺着一个方向刷，然后这个小毛刷就放在这个小瓶子里上下涮，这样宫颈的细胞就转移到了这个小瓶子里面，再送去做化验就可以了。

TCT 检查非常简单，不会造成任何的痛苦。这个检查如果发现了有问题，就需要在医生的指导下做进一步的检查。我可以很负责任地告诉大家，只要您进行了正规的检查和治疗，宫颈癌基本都可以在它发展成癌症之前发现。可是如今每年新发的宫颈癌病例中，有 50% 都没有做过 TCT 检查。大家听见了是不是跟我一样心痛呢？

因此，在这里我诚恳地邀请您，邀请在座的每一位加入到宫颈癌防治的宣传队伍中来，让我们用科学代替眼泪，用努力代替伤悲，大家携起手来，科学防癌，共筑健康。

珍珠的诞生

广州代表队　凌浩翔

　　珍珠，晶莹圆润，闪着动人的光芒，好像汲取了大海的精华。传说早在新石器时代，原始人类在海岸和河边捕寻食物时发现了它，从此珍珠便集万千宠爱于一身。

　　可珍珠是如何诞生的呢？

　　我们的先辈充分发挥了自己的想象力，给美丽的珍珠蒙上了一层神秘的面纱。古罗马人认为珍珠的形成跟爱神维纳斯有关，传说当爱神从充满泡沫的蚌壳中出浴时，她肌肤上滑落的水珠凝结成了闪光的珍珠；而中国有"千年蚌精，感月生珠""露滴成珠"等说法。当然，这些只是传说。

　　直到16世纪中叶我们才开始从科学的角度去认识这个问题。并且发现，珍珠的产生其实是珍珠贝类和珠母贝类等软体动物对于外来物刺激的一种自我防御机制。

　　软体动物表面会覆盖一层膜状物——我们称为外套膜。可别小看它，它与珍珠的形成密切相关。当这层膜受到寄生虫或是小贝壳碎片等外来物刺激时，外套膜的上皮细胞就会向下凹陷，形成一个囊状结构，将外来刺激物包裹在其中，并不断分泌出一种主要成分为碳酸钙和有机质的黏液，一层又一层地包裹在外来物的周围，而且每天分泌黏液约3~4次，每次量很少，所以需2~5年才能形成宝石级质量的珍珠。

　　天然的珍珠不容易得到，而且数量稀少，所以为了获得更多的珍珠还得靠人工养殖。中国是最早人工养殖珍珠的国家，可以追溯至宋代。虽然宋代人并不清楚那些软体动物的自我防御机制，可他们在实践中摸索出的方法却印证了这个原理。宋代庞元英所写的《文昌杂录》里记载："有一养珠法，以今所作假珠，择光莹圆润者，取稍大蚌蛤，以清水浸之，伺其口开，急以珠投之，频换清水，夜置月中……玩此经两秋，即成真珠矣。"那如果不挑选"光莹圆润"的珠子放进去呢？古代先民把珠子先雕刻成佛像，再放入河蚌中，结果就是这样。这种方法也沿用至今。

珍珠形成原理实际非常复杂，除了自我防御以外，受伤、生病等因素也都会使贝类产生珍珠。不过我相信，对于产生珍珠这事，那些软体动物一开始是拒绝的，但为了保护自己，就像加了特技一样，duang～珍珠就诞生了。

茶精灵——普洱茶里的微生物

云南代表队　彭野

　　唐诗中说啊，"俗人多泛酒，谁解助茶香"。茶是当今世界三大饮品之一，喝茶是修身养性的生活方式，茶道也融合了儒家、道家和佛家思想。

　　中国有七大茶系，我们云南普洱熟茶是属于黑茶这样的后发酵茶。云南普洱熟茶是以大叶种晒青毛茶为原料，经过后发酵过程形成的。后发酵指的是不同种类的微生物菌种，如黄霉菌、曲霉菌、酵母菌等，在不同的温度和湿度中生长繁殖，产生酶类，转化茶叶中的儿茶素、纤维素和糖类等有机物质。儿茶素的分解和氧化又使茶叶中的大分子多糖转化为小分子单糖，这就是普洱茶的发酵阶段。茶汤由此变得有沙感，四五泡之后，茶汤明亮、口感回甜。

　　普洱茶在发酵过程中会释放热量，温度的升高会促进黄霉菌的生长，茶叶由此进入到澄化阶段。这个阶段的普洱熟茶茶体变硬、茶面油光、茶汤明亮，在前几泡中，甜味比较集中，闻起来有沉香的味道。

　　普洱茶的保健价值已经逐渐被大家所认识了。其实啊，早在《本草纲目拾遗》中就有记载："普洱茶味苦性刻，解油腻牛羊毒，苦涩，逐痰下气，利肠通泄。"普洱茶的发酵使它茶性温和、暖胃，各种维生素的含量也增加。因此，适度饮用普洱熟茶对降脂降压和抗衰老都有一定的作用。

　　但是，最近也听说，有人在喝了几杯普洱熟茶之后会出现头晕、出虚汗、恶心的症状，其实啊，这是被茶给灌醉了。茶叶中的茶碱是中枢神经兴奋剂，过浓或过度饮用普洱熟茶会破坏体内的电解质平衡。所以，我们饮用普洱熟茶也要注意适量和适度。

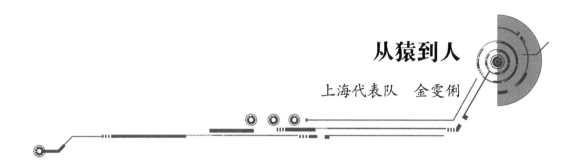

从猿到人

上海代表队　金雯俐

　　观众朋友们，如果说到人类的起源啊，我们现在都认同这么个观点：人是从古猿进化而来的。但是您有没有想过，昨天的它们是如何演化成今天的我们的呢？这就要从6500万年前说起了。

　　当时，恐龙还没有灭绝，灵长目动物就已经出现。什么是灵长目动物？这些狐猴、猩猩，包括我们人类自身都是灵长目家族的成员。我们这个家族所拥有的生动视野是一般哺乳动物所不具备的。不信啊，您瞧，这个是华南虎眼中的世界，几乎没有色彩。食肉动物大多都是色弱，那食草动物，比如马呢？答案是也看不到颜色，而且马的眼睛长在两边，使得两眼中间的区域都见不着。最后，让我们来看一下灵长目家族的长尾叶猴眼中的世界。您瞧，图像立体、颜色鲜艳。观众朋友们您知道吗？在猴子中有一些是色盲，而且是公猴的数量居多。有趣的是，人类作为灵长目家族的成员，在人类中色盲的数量也是以男性居多。

　　除此以外，我们灵长目动物手的结构也很特别。现在我想请大家伸出手来和我一起做个动作。来，让我们张开五指，握紧拳头，是不是轻轻松松就能做到？但是看似简单的这个动作，却是狮子、老虎等大多数的哺乳动物都做不到的。而南方古猿和现代人一样，大孔位于最底部，由此我们可以推测出大约400万年前，南非和东非等地区气候干旱、树木稀少，生活在那里的南方古猿们，从树上下到了地面成为直立行走的先驱。

　　在南方古猿直立行走后的几百万年中，我们人类祖先的一个个近亲出现或消失在演化的征途上，最后只剩下我们这个智人物种成功走到了今天。观众朋友们，如果您也有兴趣，欢迎来到上海自然博物馆与我分享您的思考。

走进红树林——自然探索环境教育

国家林业局代表队　陈霄翔

　　红树林自然保护区为何建在城市中心？黑脸琵鹭为何独独钟情于深圳湾红树林？红树林为何是绿色的？红树为何会流汗，还能怀胎生宝宝？这一切的背后，是故弄玄虚还是暗藏玄机？是机缘巧合还是科学道理？欢迎收看今天的《走进红树林》！

　　红树林，被称为"海岸卫士"，起到防风御浪、固岸护堤的作用。在深圳，最大的一片红树林，居然和最繁华的街道仅有一墙之隔！福田红树林自然保护区由陆地植被、基围鱼塘、红树林、滩涂等部分组成，这里既有翱翔盘旋、怡然自乐的鸟儿，还有各种各样、千奇百怪的其他生物，像挥舞着大螯的招潮蟹、蹦蹦跳跳的弹涂鱼等，他们都在这片理想的家园中繁衍生息。

　　同学们可能早就想问了，咦，红树林怎么是绿色的呀？大家想象中的红树林可能是这样，而实际却是这样。原来，当人们砍断红树林的枝条时，断面的一种化学物质"单宁"遇空气就会迅速氧化成红色，红树林因此而得名。看看老师昨天晚上切好却忘了吃的苹果吧，它跟红树变红的原理是一样的。

　　红树的奇特现象还不止这一点，我们看看红树是怎么生宝宝的吧！众所周知，只有哺乳类动物才是胎生的，但红树妈妈为了更好地照顾自己的宝宝，也采用了胎生的方式。大家看，我手中的就是红树植物——秋茄的胎苗。等到足够独立生活了，它才会脱离母体，"bia ji"一声扎在淤泥里，开启它新的生活。

　　红树时而受到海水浸淹，被称为海上森林，可这海水的高盐度和海浪的频频冲击也是个令人头疼的问题。于是，聪明的红树还学会了流汗，同学们你们看这红树的叶片上，是不是有一滴滴闪亮的汗珠呢？不信尝尝看？等到水分蒸发，留下来的就是亮晶晶的海盐了。此外，红树为了站稳脚，还长出了千奇百怪的根。

　　深圳福田红树林位于全球鸟类的迁徙路线上，是重要的中转站和越冬地点，故而成

为了观鸟的圣地。连全球濒危鸟种——黑脸琵鹭也钟爱这片乐土，每年有 400 多只黑脸琵鹭在这里过冬。深圳市的中小学生，每年都会在红树林欢迎它们的到来。

据官方数据显示，中国红树林总面积在五十年内消失了 53%，开展保护红树林的环境教育显得迫在眉睫。中国野生动物保护协会联合游云生态教育工作室，每年都会在红树林开展以生态保护为主题的嘉年华活动。"走进红树林"的自然探索活动带领上百万的中小学生感受自然、体验快乐、收获成功。最终，他们会成为一个个环保志愿者，将爱护红树林的观念传递给身边每一个人。

同学们，如果红树林消失了，我们的海岸线由谁来保护？如果红树林消失了，成千上万的鸟儿去哪里栖息？如果红树林消失了，我要怎么跟你们讲这些故事？保护红树林任重道远，但老师从你们的眼中看到了满满的希望。或许我们不能改变现在，但我们一定会影响未来！保护红树林，让我们一起努力！

淘气的小男孩——厄尔尼诺

气象局代表队　张娟

今天我选择这个话题，是因为，目前我们正在经历一次厄尔尼诺事件，但很多人并不真正了解它。

厄尔尼诺是西班牙语中的"圣婴"，1997—1998 年出现过近 60 年最强的厄尔尼诺，全球有 41 个国家遭遇洪涝灾害，我国长江流域发生百年不遇特大洪水，22 个国家出现罕见旱灾。但其实厄尔尼诺的影响并不仅限于此，它渗透在我们生活的方方面面，如果我告诉你，受到厄尔尼诺影响，您上超市买糖、买面会越来越贵，您家里如果要装修费用会比过去高，说不定下一代 iPhone 的价格也将上涨。您可能会觉得这和天方夜谭一样，这些表面看起来毫无联系！没错，厄尔尼诺就是这么淘气。

厄尔尼诺到底是什么？它是赤道中东太平洋地区海温异常偏高并持续一段时间的现象，为什么海洋海温变化会对全球气候产生如此之大的影响呢？要知道，地球表面 70% 是海洋，而单位面积 100 米深的海水温度每增高 0.1℃，其上大气温度就可增高 6℃，可以说海洋一哆嗦，大气环流都要抖三抖。

正常情况下，赤道地区刮东风，海洋表层暖水向西流动，使太平洋西部海温要高于中东部，这里大气受热抬升，成云致雨，所以印尼等地多雨潮湿；而上升的气流在太平洋东部下沉，所以秘鲁西部干燥炎热；而厄尔尼诺出现，是由于赤道东风明显减弱，甚至是改为刮西风，海洋表层暖水回流，使太平洋中东部海温异常升高，导致原本的大气环流被逆转。

很多地区出现和原来气候特征相反的极端天气，比如原来潮湿多雨的东南亚等地严重干旱，原本炎热的秘鲁等地大幅降雨，而中国出现北旱南涝的极端天气，这样的天气将导致印度、巴西的蔗糖减产，使全球白糖价格上涨；澳大利亚的小麦和北美的玉米产量减少，导致谷物价格上涨；东南亚、智利、秘鲁等有色金属大国产量受影响，镍、铜

等价格上涨，其中镍广泛用于不锈钢和手机、笔记本电池制作；这就是牵一发而动全身。

从受厄尔尼诺影响程度来说，环太平洋的热带地区当然是受影响最大的了，高纬度地区受影响不明显，中国幅员辽阔，影响程度介于这两者之间。气象部门预计，目前我们正在经历的这次厄尔尼诺事件强度会达到中等以上级别，虽然出现 1998 年那样大洪水的可能性比较小，但今年南方降水会比常年同期偏多，需要我们有足够的防范意识。

至于厄尔尼诺为什么会出现，其实真正的原因目前还在研究当中，大气环流几十亿年的发展和流动，这中间经历了多少变化我们真的无从知晓，也许是全球变暖，也许是海底火山爆发，也许只是几十万年前一只蝴蝶扇动了翅膀，面对自然面对宇宙，我们需要探索的还有太多太多。

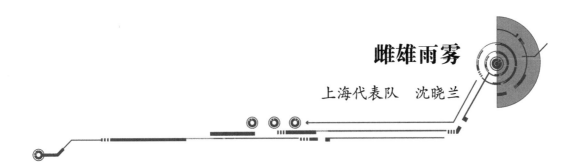

雌雄雨雾

上海代表队　沈晓兰

众所周知，人有男女之别，动物有雌雄之分，那海上的雨雾雷电呢？

几百年来，上海金山嘴渔民积累了丰富的识别海洋气候和自然规律的经验，更有意思的是，他们还创造了一些独特的气象术语。请看大屏幕。

清晨，渔民们准备出海，海面上却腾起了雾气，太阳也被遮住了。但船老大却说："这是雄雾，来得快，散得也快！"果然渔船刚离岸，大雾就被吹散了。

又是一个渔船出海的日子，海上又起雾了，这次的薄雾慢慢变浓，没有一丝风。船老大说"这是雌雾啊，一时半会散不了，抛锚！"

大气中过量的水汽凝成小水滴，当能见度低于 1000 米时，气象学称其为雾。雾的形成啊，需要三个条件：水汽、冷却、凝结。

海上的空气潮湿，夜晚降温时因冷却而凝结出大量小水滴，并悬浮在底层大气中；早晨太阳升起时，水汽蒸腾，就会形成雾；但随着气温的升高，雾很快会消散，气象学称其为"辐射雾"，也就是渔民口中的雄雾。

而渔民口中的"雌雾"，在气象学上称之为"平流雾"或"锋面雾"。是因为暖湿空气在海面上移动，移到较冷的陆地或水面时，因下部冷却而形成雾。由于暖湿气体源源不断的补充，这种雾会持续很久。

在海上作业时，如果遇到瓢泼大雨，但雨点落在海面上只是起泡泡，有经验的渔民就会说："这是雄雨，要不了半小时就会停。"如果雨点在海面上砸出一个个的小潭，这就是久久停不下来的"雌雨"。

在夏秋季节，海面上大片乌云伴随着狂风席卷而来，突然一声巨响，随即一道白光，这是"落地雷"，渔民们则称其为"雌雷"。如果东也闪电，西也闪电，雷声隆隆，近旁却没雨，这就是"雄雷"咯！

气象学上的雨雾雷电有雌雄之分吗？渔民们习惯把时间短、影响小的天气过程归于"雄性"，而将时间长、破坏大的归入"雌性"。

当然，现今的渔船都已用上了高科技设备，但渔民们依然凭着经验观天测海。科技与经验的完美结合才是渔民避免灾害、驾驭海洋的最佳选择。

天上的时间

北京代表队　舒乃光

在皇家园林颐和园有这样一个计时工具，他就是日晷。用日晷计时是人类天文计时领域的重大发明。

古人发现，随着太阳东升西落，阳光照射物体后投射下来的影子方向有显著的移动。影子的方向和长度一天里不断地改变，反映出了时间的变化。

古人通过对这个现象的观察和总结，最终制造出了日晷，其原理是通过观测晷针的投影变化计算时间。神奇的是日晷不但能够显示一天之内的时刻，还可以显示不同的节气、月份。日晷的指针长短变化是有规律可循的，春分到秋分，晷针在晷盘的正面，秋分到春分是背面。古老的典籍当中也记载着，冬至日晷晷针影子最长，夏至晷针影子最短。

日晷有多种形式，其中赤道日晷是我国古代劳动人民的杰出创造。安装时，晷盘必须平行于赤道，晷针平行于地球自转轴。为了满足这一条件，晷针和平面的夹角要和当地的纬度相当，这样才能保证日晷和现实时间对应准确。

日晷看似简单，却蕴含着丰富的科学原理，它把天上的时间带到了地上，为古代法律制度的制定和发展提供了清晰数据，为现在以太阳历为基础的世界标准计时法奠定了根基。

北京时间的发布就得益于天文观测和记录，至今在颐和园仍然能够看到日晷的身影，北京的地坛也是按照日晷的样子制造的。目前日晷已经成为时间的雕塑，它把天上的时间带到人间，告诉我们这样一个哲理，只有认真观察自然、尊重自然，不断地汲取科学智慧，人类才能和自然更加科学地相处，才能更好地创新发展，走向美好的明天。

2016 年全国科普讲解大赛精选
探秘防弹衣

陕西代表队 姜舜

相信大家看到我今天的这身参赛服装应该已经猜到了，没错，今天我要讲解的题目就叫探秘防弹衣。

现代的防弹衣可以分为软式和硬式两种，今天我所穿的属于软式防弹衣。软式防弹衣体积小、重量轻，穿在身上柔软、舒适。那么这看似柔软的防弹衣究竟是如何挡住子弹的呢？要想搞清楚这其中的奥秘，我们必须从两方面入手：

第一，材料。制作防弹衣的材料显然不会是普通的棉麻布料，当然了，也不可能是小说中所谓的千年藤枝或万年金丝，而是一种叫作超高分子聚乙烯纤维的东西。没错，这名字听起来既复杂又陌生，但从某种角度看，它就在我们身边，因为它和我们日常生活中最常使用的保鲜膜、塑料袋其实同出一门，都属于聚乙烯纤维类。它们之间的差别在于分子量的不同，超高分子聚乙烯纤维其分子量可以达到惊人的 400 万，是普通纤维的 100 倍以上，正是这一特点使其具备了高强度和高抗张力性，而这正是防弹衣实现防弹功能的基础保障。

第二，受力。防弹衣里面通常是用 32 层或更多层的超高分子聚乙烯纤维编织连接而成，所以它在利用了原料纤维固有的高强度和高抗张力性的同时，还利用了编织成型后纤维间的相互作用力。从这个角度看，防弹衣就像是这张球网，而子弹则像是这个足球，当运动员射门时足球承载的巨大冲击力就像一颗脱膛而出的子弹，而当足球触网的瞬间则像是子弹击中了防弹衣，最后足球被拦停下来，则像是防弹衣挡住了子弹。我们再来看一下连续的过程：射门，触网，拦停。

那么球网到底是如何拦停这快速射来的足球的呢？朝这看，我们知道球网是由一根根线绳编织连接而成，所以，当足球撞上球网中某一部分绳线时，这部分的线绳便会迅速拉扯其周围的其他绳线，从而把足球巨大的冲击力分散到了整片球网上，所以足球被拦停了下来。

而防弹衣挡得住子弹其实也是同样的原理。只不过防弹衣原材料具有高强度和高抗张力性，加之编制得比这张球网要密集得多，也巧妙得多，所以当子弹射来，它不会穿透防弹衣，而防弹衣却可以把子弹的力量由一个弹着点分散向四周，就像这片球网。通过力的扩散，防弹衣吸收了子弹的动能，削弱了弹头的穿透力，降低了子弹的速度，使子弹停止，于是实现了防弹的目的。

客观地讲，现代的防弹衣挡得住子弹，但人的身体还是会受到巨大的冲击力。以64手枪弹为例，其弹头只有几克的重量，大概相当于一个一元钱的硬币，但其产生的冲击力却可以达到200公斤以上，这个力量足以使人的肋骨骨折。即便这样，防弹衣仍然是我亲密的战友，它将和我一起时刻守护群众的安全。因为，我的名字叫警察。

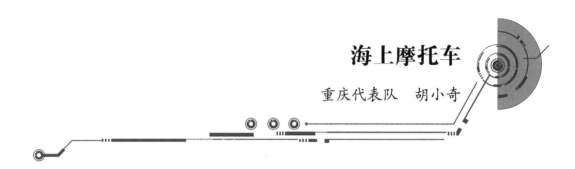

海上摩托车

重庆代表队　胡小奇

半年前，我一个人骑着摩托车从重庆去往拉萨，往返 6000 多公里，每当我遇到怒江和金沙江的时候，都需要绕行很远的一段距离。那时候我就在想，如果有一辆摩托车，能够带我直接跨越水面，那该有多棒啊。直到我看见这哥们儿（视频）。

这影片就叫《白日做梦》。片中的主角罗宾，为了跨越这段世界上最美丽也最危险的海滩，他和他的团队用了整整三年的时间对摩托车进行科技改造。

接下来，我们将共同探索这款海上摩托车背后的科技。

这款车型叫 KTM-250SX，单缸四冲程，在同等排量的车当中，它的重量最轻。接下来我们看看它的车轮，已经不是普通的车轮了，上面增加了 16 片扇形齿轮，它们在链条的带动下，可以为摩托冲浪提供源源不断的动力。再来看看它的车架，钢铁车身被复合金属代替，前后轮还装上了特制的冲浪板，但是要想做到水上漂，光有板儿是不够的，研究团队发现，冲浪板与水面的夹角极其重要，经过反复测试，最终角度调整为 45°。

也许你会说，太棒了，万事俱备，现在我们可以乘风破浪爽一把。但是请看这哥们儿，很明显他没有做到这一点。

本车最妙的就是它的防水设计，首先看排气管，小口径，而且是 60° 向上斜角，有效防止了水进入发动机。它的排气管内还装上了一个小小的防水利器，那就是空压机；当发动机工作时，空压机不停地往外吹气防止水的进入；同时排气管的外部还设了一道防水阀，它就像一道门一样，当摩托车在海上纵情驰骋时，防水阀一开，空压机一吹，所有的海水废气全部"走你"。

不经历风雨怎能见彩虹，在经历上百次失败和一系列科技改造之后，罗宾驾驶着这辆海上摩托车完成了他儿时的狂想，而作为他的粉丝，这张照片我觉得最帅，因为它激励着我，让我不仅要对梦想有最深沉的爱，而且要善用科技。

正所谓白日做梦有何不可，科技之光照亮你我。

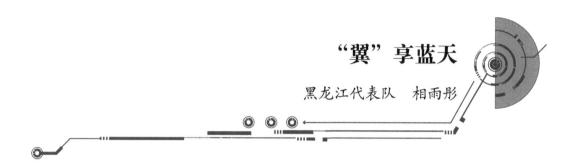

"翼"享蓝天

黑龙江代表队 相雨彤

人们喜欢蜻蜓、蝴蝶的悠然，喜欢天鹅、鸟雀的自在，能像他们那样展翅飞翔是人类自古以来的梦想。早在 14 世纪，达·芬奇就多次设计着人类的飞翼，后来人们真的发明了各种飞行器，但这都不是达·芬奇期望的展翅飞翔。直到 19 世纪初的滑翔披风，到后来的飞行服，再到 1997 年充气式翼装的问世，人类才实现了真正的"翼"享蓝天。

现在，让我们共同欣赏电影《极盗者》中真人实拍的翼装飞行画面。

那么，为什么人类穿上这样的翼装，就会拥有神奇的飞行能力呢？原来，翼装又叫作飞鼠服，通过仿生学研究，模仿飞鼠的滑翔原理设计而成。它是用一种质量轻、韧性强的特制尼龙面料，连接了人的手臂和躯体外侧，还有两腿之间的空隙。在翼装的正面，双侧腋下和双腿之间分别设有 3 处进气口，当飞行者腾空以后，张开手脚，高速流动的空气就会进入气囊，形成一定的气压然后自动闭合，鼓起的空气将整件翼装服支撑起来，形成像飞鼠这样的牢固的翼膜，大大增加了其表面积，在减缓下降速度的同时，大幅提高了升力。确切地说，翼装飞行是一种近距离天际滑翔运动，飞行者需要从 700 米以上的高处起跳，依靠空气中的风速、风向，以及高处起跳的重力势能转化的水平前进动能，在空中进行无动力飞行，最后再开伞降落。一般情况下，飞行者将达到每小时 160 公里的前进速度和每小时 50 公里的下落速度，也就是每下降 1 米的同时前进 3 米，这 1：3 的速度比，就会让人产生飞行的感觉。

翼装飞行还需要多个高科技部件保驾护航，如 GPS 定位系统、2 ~ 3 个摄像头，能够承受 16 级台风风速的护目镜、高度表、报警器等。

要想学习翼装飞行，至少要进行 200 次的跳伞训练。他们还要精通天气、知晓地理，应该说，拥有科学家的严谨，才能实现"翼"享蓝天。

如今，翼装飞行已经成为一项新兴的国际体育赛事，受到了越来越多人的关注，其隐蔽性高，灵活性好，雷达探测面小等特点也使之更适合军用。也许，在不久的将来，翼装飞行将不再是少数人的专利，它将被更广泛地应用在冒险、旅游甚至救援上。一个"翼"享蓝天的时代，即将到来！

一只气球的旅程

湖北代表队　孙安妮

Hi，亲爱的同学们，早上好！我是气球，不过我不是一只普通的气球，我是一只探空气球。我的工作是去30 000米的高空旅行，帮助人们了解大气的情况。

清晨6点30分，我要先进行空腹体检。当确定我的工作情绪"高涨"，不会随便"泄气"之后，我就可以饱餐一顿啦。不过，我只吃氢气。嘿嘿，我的食量挺大的，吃饱了以后，我就变成了直径1.5米的大胖子，每秒能上升6米左右。

7点15分，我要带上我的小伙伴——无线电探空仪准备起飞啦！此刻，全球有1000多个小伙伴和我一起起飞，仅在中国就有120个。从离开地面的那一刻起，我始终和我的"监护人"雷达保持联系。当我遇到风，我会跟随风的脚步飘移。雷达就能通过我的轨迹计算出风力和风向。而探空仪兄弟每一秒都会将我们周围的温度、湿度和气压报告给地面。可别小瞧这些数据，它们将帮助预报员更加准确地预报未来的天气，我很厉害吧！

我一路向上，当我勇敢地越过大风和乌云，到达5500米的高度时，我知道我来到了制作天气预报最重要的高空层次之一。虽然天气雷达和气象卫星也能够远程探测到这里，不过当然还是我亲自到这走一遭测得更准确嘛！

而我还要飞得更高。一路上，我看到了巍巍大山，也看到了大江大河。当我来到16 000米高的平流层，晶莹的小冰晶轻抚过我的脸颊，哟，好冷啊。咦？今天的角度和视野还不错，我幸运地看到了地球美丽的侧脸，蔚蓝蔚蓝的，真的好美呀！

飞呀飞，上面的气压越来越低，而我也变得越来越胖。当我的体积变成原来的64倍时，我真的快要"胖死了"。这个时候，我已经飞行了快2小时，到达了30 000米的高度，传输了成千上万的数据，圆满地完成了任务。

"啪"的一声，我破裂了。在万有引力的作用下，我要再次回到大地母亲的怀抱。

透过长空我仿佛看到雷达兄弟不舍的眼神，但我已经尽力了。

噢，不用担心我会砸到你的头上，因为我们大多数会落在人烟稀少的郊野，而且探空仪的体重还不到 400 克。大家也不用为我惋惜，我并没有消失，而是化成了千千万万个数据，走进世界气象组织的数据交换中心，与全世界分享我的奇妙之旅。当大家看到每一条天气信息时，都会想起我，对吗？

核电那些事

厦门代表队　胡梓梁

大家好，欢迎来到天文科普小课堂。今天首先问大家一个问题，提到核，你们会想到些什么？核武器？核战争？不过今天我们谈的不是这种可怕的事情，我们要谈的是核对人类的帮助。接下来，就让我们来聊聊核电那点事儿。

核电是一种绿色的能源，像我们了解的二氧化碳、二氧化硫这些污染物它通通都是不排放的。2015 年，中国九台核电机组减排二氧化碳总量就已经达到了 5500 万吨。这是什么概念呢？这个数字是北京市 2015 年汽车尾气排放量的总和，这个环保效益就相当于把北京市全部都种上了树。

除此之外，它更大的效益是节能。同样是 100 万千瓦功率的电厂，火电厂一年所需要的燃料每天都要 40 节火车来运送。而核电厂呢，一年只需要一辆重卡就可以了。这之间的差异足足达到了 10 万倍。

我知道大家最关心的一个问题可能就是核的安全问题了，我看那边就有同学在皱眉头了，我想你应该在思考：核电辐射会不会对人体产生危害啊？会吗？我们来看看辐射的问题。

假设你是居住在百万级核电厂附近的居民，你一年受到的辐射量是 0.01 毫西弗，多么？其实我们去医院体检，做一次胸肺透视就要受到 0.02 毫西弗的辐射，所以这点辐射对我们人体健康的危害是微乎其微的。

我看还有同学在疑问，那你一定是在想，你的那个核电站要是像原子弹一样爆炸，我的天啊，多可怕啊。会吗？我们来看。没错，确实原子弹和核电厂都含有核的重要原料——铀 –235。但是原子弹中铀 –235 的含量达到了 90% 以上，而核电厂却仅有 3%。这就相当于一杯白酒和一杯啤酒，白酒酒精浓度非常高，你可以轻易把它点燃，而啤酒你想点它都点不了。这就是核电厂不会像原子弹那样发生恐怖核爆炸的原因了。

我国对核电厂的选址也是十分严格的，不会选在会同时发生地震和海啸的地方，而抗震设计更是将抗震等级提高到了"万年一遇"和"历史最高外加1度"的水平。这就是现代科技下，一个绿色、节能、安全的核电厂。

核，一个曾经让多少人谈之色变、毛骨悚然的词啊，而今天，对其的开发利用大大造福着人类的现代生活，我想这就是科学的最终目的吧。我们要把科技之剑变成科技之犁，开垦属于人类的最美新天地。

国之瑰宝科技典范——青釉提梁倒注壶

西安代表队　梁甜

　　20 世纪 60 年代，在陕西省彬县，工作人员正在对一段废旧的城墙进行维修改造，突然，一件沾满泥土的古瓷器被挖了出来。当把它清洗干净以后，在场的古陶瓷专家都震惊了！

　　请看，这件壶通体施青釉，釉色纯正而淡雅。壶的提梁好似一只飞翔的凤凰，壶嘴是一只正在哺乳幼狮的母狮，而壶腹部雕刻有精美的缠枝牡丹。一件生活器皿，竟然完美地融汇了这三者的灵气、霸气与美艳！

　　尽情叹赏了瓷壶的美艳之后，我们忽然发现，壶身上部虽然有盖却不能打开，那该怎样把水灌入壶内呢？经过仔细观察，发现在壶的底部有一个梅花孔，于是专家们试着将水顺着梅花孔注入壶内，这时，奇怪的现象发生了！水并没有从壶嘴溢出来！并且当壶身正过来之后，水也没有从壶底的梅花孔漏出！

　　这到底是一只什么壶？在这只神秘的壶中，到底藏有什么样的"暗道机关"呢？为了解开这只壶的秘密，专家们对它进行了 X 光透视。现在我们看到的是魔壶的剖面图，壶身内有两个导管，一个导管呈圆柱状沿梅花孔上行，高度超过壶嘴的高度，另一个导管沿壶嘴内壁下行，与壶底之间有空隙，液体可以从此处流过。原来，这就是传说中的倒注壶！它利用了物理学中"连通器内液面等高"的原理。从实际情况看，我们的祖先已经熟练地掌握了这一科学原理，使倒注壶呈现出了神奇的效应。这不得不令我们为这件包含着复杂科学原理的古瓷器发出由衷的赞叹！

　　随着时间的流逝，回望我们祖先生活的时代，不难发现，古人的精神追求大多依附于陶瓷、金玉等物质。而这件青釉提梁倒注壶是古人人文思辨的物语，更是科技成就璀璨历史的典范。这些饱含科学技术的产物，也因此成为中国古代文化的重要象征！

泰雅族贝珠衣

厦门代表队　傅育繁

今天是一个正式的场合，有的选手选择穿着工作的制服，而我和帅气的主持人一样，穿了正装，打了领带。而在大约一个世纪以前，在台湾泰雅人的部落中，如果也有今天这样一个正式的场合，他们也会穿着一种特殊的服装，这就是今天要给大家介绍的贝珠衣。

在介绍"贝珠衣"之前，我们先来了解一下"泰雅族"。在台湾，有"高山十四族"的说法，泰雅族就是其中第二大的族群。

看到"贝珠衣"三个字，也许很多人会想：贝珠衣是不是贝珠做的衣服？其实啊，贝珠衣只是缝制着贝珠的麻布衣服。从外形上看，贝珠衣大都是长方形的，没有袖子，也没有领口；穿在身上看，胸前也是敞开的。贝珠衣很像今天的马甲。

可是，为什么要在一件麻布马甲上缝制数万颗贝珠呢？这就要说到贝珠的作用了。在人类把金银和钞票作为货币之前，贝壳被长期当作商品买卖的时候使用的货币，泰雅族人也不例外，贝珠就是泰雅族人的货币。所以，贝珠衣就像是一件贴满人民币的马甲。这一件贝珠衣现存于厦门大学人类博物馆，上面有 60 000 多颗贝珠。如此大量的贝珠被缝制在一件衣服上，能穿上它的人也是非富即贵。的确，在泰雅族部落中，能够使用贝珠的人只能是酋长、族长和有战功的部落勇士，当然，也都是男性——贝珠衣代表了他们的财富、权力、地位和武功。除此之外人类学家还发现，当泰雅族男子向心仪的少女表白求爱时，也会献上一件贝珠衣作为聘礼；当两个部落发生冲突甚至导致流血伤亡时，也会要求用贝珠衣作为赔偿金。可见贝珠衣在泰雅族部落中的意义非同一般。

接下来，我们就仔细看看这价值不菲的贝珠。贝珠的原材料是砗磲贝，一种生长在海里的贝类。说到这儿细心的朋友可能发现了，泰雅人是居住在台湾山区的，他们是如何得到来自海边的贝珠的呢？前面我们已经说到了，贝珠是泰雅人的货币，而货币是商

品买卖的媒介，所以啊，贝珠是通过商品贸易进入泰雅族部落的。

那么，贝珠是怎么做出来的呢？首先，要把砗磲贝的贝壳放在火上烘烤，到一定程度的时候把贝壳切割成一寸见方的颗粒并在中间打孔，然后用绳子把这些颗粒串起来，用木头压在石头上研磨。经过耐心细致的打磨，一粒粒精美的贝珠就做出来了；其中较小的直径只有 19 毫米，大的直径可以达到 56 毫米。一粒粒小巧的贝珠被串成串当作货币使用，经过商品交换进入泰雅族部落以后，被泰雅族妇女用她们的巧手缝在衣服、帽子等服装上。

不过很可惜，1895 年《马关条约》签订以后，日本占领了台湾岛，此后日军进行了所谓的"文明化"改造，不少文化和传统技艺遭到破坏，贝珠和贝珠衣制作工艺逐渐失传。今天我们能见到的贝珠衣大都存放在台海两岸的几家博物馆里，还有一些被泰雅族后代保存下来。据统计，目前留存的贝珠衣只有 60 件左右。不过随着民族文化发掘与保护的进行，包括贝珠衣在内的各民族传统文化将得到更好的传承与保护，贝珠衣所承载的历史文化也将为展示人类文明做出更大贡献。

卓筒井：以原创去圆梦

四川代表队　邹丽莎

　　在人类文明的摇篮时期，我们的祖先就做着上天入地的美梦。嫦娥奔月的故事，代表着世间飞天的梦想；土行孙遁土的神话，代表着人们入地的遐想。而在盐场谋生的先辈们，苦思、探索、追求，靠凿井来实现自己的人生价值。

　　早在殷商时期，中原一带的先民就已经能够凿井而饮了。等到北宋庆历年间，四川发明了一种新的凿井方法——冲击式顿钻凿井法，并在自贡、乐山等地凿出了一种新型的小口径盐井——卓筒井。它开创了人类机械钻井的先河，成为人类钻井技术的先驱，揭开了人类征服利用自然的崭新一幕。

　　北宋文学巨匠苏轼在《蜀盐说》中这样描述卓筒井："自庆历、皇祐以来，蜀始创'筒井'，用圜刃凿山如碗大，深者数十丈。"寥寥几句，已勾勒出卓筒井的大概轮廓。所谓"圜刃"，便是凿井的重要工具，也是世界上第一只凿井钻头。它应用了杠杆原理，像旧时舂米一样，一上一下不停顿击井底，击碎岩石，让井中岩石与地下水混合后形成泥浆，并用扇泥筒将泥浆带出地面。扇泥筒，是由楠竹打通竹节而制成，在它的底部安装有一块牛皮活塞；当扇泥筒放入井中接触到泥浆时，泥浆迫使皮钱向上张开而进入筒内；当扇泥筒提起时，筒内泥浆在重力作用下使皮钱关闭而储存在筒内，顺利地被提出井口——这便是世界上最早的单向阀门提捞法。一口井就是这样不停地用圜刃一上一下地顿击井底，敲碎岩石，如此循环往复，井便越凿越深，直至见功。

　　早在清道光年间，自贡地区的盐工便用这个方法凿出了世界上第一口超千米深井——燊海井，其井深达到1001.42米。10年后的1845年，美国凿了一口其国内最深的井，才518米。

　　卓筒井采用的"冲击式顿钻凿井法"也为西方石油工业的兴起奠定了基础，被西方称为"世界石油钻井之父"。

卓筒井的出现，标志着人类顺利完成了从大口浅井到小口深井的过渡，有力地促进了人类对地下资源的开采，是人类向地层深处进军的成功尝试。对这一发明者冠之以"伟大"二字毫不为过。如果有谁要问它的发祥地，我骄傲地回答：是我可爱的家乡，四川自贡！

古建筑彩画的前世与新生

北京代表队　王汝碧

亲爱的观众朋友们大家好，欢迎您来中国园林博物馆参观。有人说，建筑是凝固的音乐。而点缀其间的绚丽彩画，却是需要用心聆听的音符；它是唯美的传世艺术，也是传统建筑彩画带给人们的独特感受。

观众朋友们，您现在看到的是颐和园的长廊和故宫的太和殿，这古建筑上的精美彩画一定深深地吸引了您！可是您知道在几百年前，工匠是怎么绘制这些彩画的吗？在绘制彩画前，工匠先要给建筑做上一层地仗，这就像女孩子在化妆前，先要在脸上涂层粉底一样。地仗工艺又叫"一麻五灰"，"一麻五灰"隔绝了空气与木材的接触，在保护木结构的同时也为绘制绚丽的彩画打下了坚实的基础。

但是几百年来，古建筑上的彩画在风吹、日晒、雨淋中，颜色开始褪变，有些甚至脱落了。于是古建专家们通过反复的实验，最终选择在漆料中加入纳米级二氧化钛来改进颜料的制作工艺。我们来做个实验，桌子上有两瓶清水，我向右边清水里添加纳米级二氧化钛，让它们同时透过我手中的可见光，这个光的电磁波波长与紫外线的波长接近。很明显您会发现，普通清水中可以看到清晰的光柱，而添加纳米级二氧化钛的水中却看不到光柱。通过这个实验我们可以看出，纳米级二氧化钛可以有效地防止阳光照射导致的颜色褪变，同时它还具有杀灭细菌的功能，广泛应用于家居装饰、医疗保健等领域。您看，融入高科技材料修复后的古建筑彩画，又重新为游客们带来了美轮美奂的视觉享受！

我相信，在古建筑专家的传承与保护下，中国古建筑彩画这项古老的装饰艺术，一定会焕发出更加绚丽的光彩！

2017 年全国科普讲解大赛精选

二维码

武警代表队　汪晶晶

不知从什么时候开始，我们的生活突然之间充满了二维码。看网页要扫二维码，加好友、骑自行车也要扫二维码，现在就连门口卖草莓的老大爷，都开始支持扫码支付了。那么大家有没有想过，这个长得很奇怪的家伙，到底有什么奥秘呢?

要想了解二维码，首先让我们来了解一下二维码的哥哥——条形码。就是超市收银员扫的那个黑白条。条形码只能在水平方向一个维度上携带信息，容量小，只能表示简单的数字和字母，如果我们想要表达更多、更详细的信息，条形码就力不从心了。为了解决这个问题，一种最简单直接的做法，就是将多个条形码压扁，组合、堆叠在一起，这样就可以携带更多的信息，这也是堆叠式二维码的雏形。现在堆叠式二维码有很多代表类型，它们的每一层都包含有信息，所以扫描时还需要按层读取才行。

另一种是矩阵式二维码，它由许多黑白小方块组成，可以在水平和垂直两个方向上携带信息。而我们日常生活中最常见的就是这种矩阵式二维码中的 QR 码，这种码除了具有普通二维码的优点外，还具有存储密度大、占用空间小、读取速度快的特点，所以也被称为快速响应矩阵码。

现在，最关键的问题来了，二维码到底是如何生成的呢?

其实，我们生活中遇到的各类字符风格不尽相同，但是聪明的人类想出了一个办法，那就是二进制。比如，在 QR 码中，要生成二维码的各类字符首先根据国际通用编码规则转化成只有 0 和 1 组成的二进制数字序列，然后经过一系列的编码算法，就能得到最终的二进制编码。在最后这串编码中，1 和 0 分别对应表黑色和白色小方块，再将这些小方块按照一定规则 8 个 8 个一组填进大方块里，这样就可以得到一个完整的可以被手机电脑识别的二维码图案了。也许大家还会问，这三个回字形小方块是用来做什么的？没错，是用来扫描定位用的。有了它们，无论我们从哪个方向上扫描都能得到相同的信息。

其实，无论是堆叠式二维码，还是矩阵式二维码，说白了就是给各类字符换上一身衣服，把它们打扮成能被手机电脑识别的图案罢了。

现在，二维码的应用非常普及，人人都可以生成二维码（如加好友、支付、电子签到、身份验证、电子购票等）。如果我们拥有专用保密的二维码生成算法，那么就可以将秘密信息转化为二维码来进行安全通信了。但是也正是由于人人都可以生成，一些不法分子将木马病毒自动安装链接转化为二维码，致使出现了很多扫二维码中毒的情况，严重危害了我们的财产安全和隐私安全。所以各位亲们，二维码有风险，扫码需谨慎哦！

走近人工智能——从一场"人机"围棋大战说起

国家民委　杨志鹏

中国工程院院士李德毅曾说"未来的十五至二十年将是人工智能的时代"。那么"人工智能"是什么呢？我们就从那场"人机"围棋大战说起吧。

继 2016 年 3 月 AlphaGo 在首尔战胜韩国顶级棋手李世石之后，上个月，在浙江桐乡又举办了一场特殊的比赛：一位选手是中国顶级棋手柯洁，另一位则仍是机器人选手 AlphaGo。最终，AlphaGo 以 3 比 0 完胜柯洁，被誉为"人类智慧最后堡垒"的围棋，又一次被智能机器人攻破了。

那么，AlphaGo 是如何做到的呢？让我们一起解开这个谜团。AlphaGo 的核心在于拥有两个神经网络，一个用来判断细节，另一个总揽全局。第一个神经网络会观察人类海量的对弈棋局，之后再经过无数次的自我对弈，判断落子位置的优劣；另一个神经网络在不断的自我对弈中，确定有利于棋局的每一着棋；最终，两个神经网络的信息被平均加权，做出制胜的选择。也就是说，AlphaGo 的制胜就在于对所有数据超强的记忆力和极为迅速的计算能力，而且它永远不会疲劳。

一场围棋"人机"大战，更加激发了公众对于人工智能强烈的好奇心。或许你对"人工智能"这个官名还会感到陌生，但其实，它已经成为你生活中不可或缺的帮手。如果说到谷歌翻译、人脸识别、机器人还有无人驾驶的飞行器，你是不是觉得亲近多了呢？其实他们都来自庞大的人工智能家族。人工智能是计算机科学的一个发展，它是为模拟、延伸和扩展人的智能而发明创造的。

那么，人工智能会拥有超过人类的智慧吗？答案是否定的。众所周知，人类的左右半脑有着不同的分工，左半脑擅长理性思维，右半脑则擅长形象思维，而人工智能仅仅在模仿人类左半脑的理性思维。换句话说，人工智能只能模仿，却不能创造，大家可不要被科幻电影误导了哦。

如今，人工智能正在逐步替代人类去完成人力无法完成的工作，可是人们对它日益完善的思维体系和强大的行动力产生了深深的担忧，担心它如果发展到不可控制的时候，将会对人类产生威胁。因此，只有合理地利用人工智能才能让它真正为人类造福。正如李德毅院士所说，"我们需要科技，更需要对科技保持敬畏"。科技不仅需要技术，更需要人文情怀。

雨和雪的罗生门

气象局代表队　信欣

　　《罗生门》是一部老电影，不知道大家是否看过？这部电影讲述了在同一个事件里面，不同人物各自只看到了部分事实，各说各话，结果让真相更加扑朔迷离。在现实生活中，也曾经上演过雨和雪的罗生门。去年（2016年）1月21日的上海，在同一座大楼中，楼底的人看到的是淅淅沥沥的小雨，而楼顶的人见到的是："哇！鹅毛大雪"。这张图，就是当时的积雪情况。网络时代常说，"无图无真相"，现在有了图，真相又是什么呢？有人在说谎？

　　其实有时，真相可能不止一个，他们说的都是事实。实际上这个大楼叫"上海中心大厦"，位于浦东。注意，它的高度，632米！这是一个重要线索。要知道，正常的对流层大气，低空暖，高空冷，通常大约每上升1千米下降6℃。600多米折算下来，楼顶比楼底大概低4℃，因此楼顶下雪，楼底下雨，也就合情合理了。

　　现在问题又来了，地面附近下雨和下雪的分界点到底是几度呢？0℃？1℃？2℃？还是3℃？其实都有可能，这么说估计有人会表示怀疑。讲解开始前我拿出来的冰块很能说明问题，冰化成水和雪变成雨，都是水的"变态"，严谨地说，是物理上的融化过程。这个冰块拿出来已经快2分钟了，即使在目前20多摄氏度的室温下，冰块也并没有完全融化。这说明什么？除了关注环境温度高低，还要看融化时间的长短。顺着这样的思路我们来分析下，地面附近3℃时，到底下雨还是下雪呢？

　　按照前面说的，1000米差6℃，假设地面附近零上3℃，1000米高空为零下3℃，如果温度是均匀分布的，0℃刚好在中间500米高度，下半部为大于0℃的暖层。当高空下落的雪花落入到暖层以后，大的雪花部分融化成了小雪花，原先小的雪花就化为雨滴，我们看到的就是雨夹雪。如果中间气温分布不均匀，注意，不均匀了，0℃层高一些，也就是暖层更厚，这时雪花下落过程中有了更多的时间融化，落地前完全化成了水，就是下雨；如果反过来，冷层厚、暖层薄，这时雪花来不及融化就落地了，那就是下雪。所以地面同样是3℃，既可能下雨也可能下雪。而且有的时候，同一个地方，0℃层的高度会出现上下波动，因此会出现一会儿下雨，一会儿下雪的情况。

如果大气结构更复杂，出现冷暖冷的夹心结构，雪花落地前先在暖层融化成水滴，再在冷层冻结成圆球状的冰粒落地，在南方也叫雪籽；如果落地前水滴没有来得及冻结，落地后再结冰，那就是冻雨。

因此，说了那么多，我们可以发现，下雨和下雪看起来很简单，但有时预报起来却很不容易。这就类似我们上班，即使相同时间出发，路上顺一点或者堵一点，到单位的时间也可能相应地提前或迟到几分钟。恰恰就是这个偏差，对于雨和雪来说，可能就是天壤之别。因此要想准确预报，需要我们对大气的垂直结构有更加精准的剖析。相信随着未来探测技术的发展及数值预报技术的完善，加上预报员的努力，我们的天气预报会越来越准确！

心肺复苏知多少

北京代表队　陈倬

大家上午好！每到周末，我们都会到院外做科普宣传，今天我们来到了广东科学中心。瞧！大爷大妈们正在跳广场舞呢。

我："安大爷，您也跳《小苹果》啊！"

安："陈医生来啦，今天讲什么啊？"

您先坐下来，我们看张照片，这可不是在拍电视剧，这是我们的日常工作，在转运一位心搏骤停的患者时，我们依然坚持做心肺复苏时被家属抓拍到的瞬间。我国每年发生心脏猝死的人数超过 50 万例，平均每 60 秒就有一个人死于心搏骤停，不过，幸亏有你们在学习如何进行有效的心肺复苏来挽救生命。

那么，心肺复苏是先救"心"还是先救"肺"呢？旧版心肺复苏指南的顺序是ABC，也就是开放气道，通气，最后再胸外按压。然而新版指南中，将胸外按压提前，顺序改为 CAB。这是为什么呢？

大家请看我手中的肺模型，如果有看不到的异物卡在气道里，直接吹气会导致异物向着气管深处移动，加重阻塞；而胸外按压可以保证大脑、心脏的供氧和血流，直到患者恢复自主循环，为挽救生命创造了宝贵的时间。

因此，有效的心肺复苏应该在 10 秒内首先开始按压。那么按压的深度应该是多少呢？心脏的大小跟我们的拳头差不多，正常成人的心脏通常前后径大于 5 cm，大约一个拳头厚度，所以按压的深度也就是一个拳头的厚度。但是，人类的进化让心脏躲在坚硬的胸骨后面，要想达到这个深度，就要垂直上半身用力按压，所以我们要双手叠扣，两臂伸直，按压部位在双乳连线的中点，也就是胸口中央，垂直用力，这样才能有效地进行按压。所以，新版指南把原定的按压深度 4～5 cm 更改为至少 5 cm。

及时、有力、匀速地胸外按压才是有效的。那么按压的速度要求是多少呢？新版将原来的大约每分钟 100 次，更改为每分钟至少 100 次。

安："这是个什么样的速度啊？"

我："安大爷，您刚才不是在跳小苹果吗，这个节奏就是每分钟 100 次的速度，我们跟着音乐一起练习一遍好不好？"

安："好。"

我："请大家跟着我们一起演练。"

心肺复苏，先做按压，深度一拳，速度 100，双手叠扣，两臂伸直，胸口中央，垂直用力，12345678，22345678，32345678，42345678。请您记住，一边按压，一边大声计数，非专业人士完成一组 30 次胸外按压后，暂停时间小于 10 秒，再接第 2 组胸外按压，可以不做人工呼吸。

科技强国，创新圆梦，科学施救，共创生命辉煌。

跑步也会骨折吗

解放军代表队　陈晓

首先问大家一个问题，有多少人喜欢跑步，参加过马拉松？我的邻居小王就是一位马拉松爱好者，平时夜跑、健身、素食，为了备战上海国际马拉松赛，小王每晚加练20公里，跑着跑着，就跑到了我的门诊。

"医生，我的脚这几天疼得特别厉害，开始的时候忍着，这几天实在受不了。"

X光检查结果出来显示："第二跖骨基底部疲劳骨折"，小王傻了眼，锻炼身体怎么就骨折了呢？

跑步也会骨折吗？今天我来告诉大家答案！

首先我们一起来认识一下人体的骨骼结构：我们人体共由206块骨头组成，其中下肢主要负责人体负重。以股骨为例，它像是一根空心水管，管壁我们称为骨密质，起主要的支撑作用。再放大看下骨密质的结构，是由一个一个同心圆形的骨板组成的，像扎起来的棍子。

当钢筋反复折弯，折弯处就容易疲劳，进而发生断裂。我们的骨骼也是这样，跑步时反复冲击的力作用在骨板上，当损伤速度超过了自我修复的速度时，骨折就发生了。图中红色的负重部位就是疲劳骨折的好发部位。常见四大原因：运动过度、姿势不对、营养不良、症状忽视。

疲劳骨折轻则影响生活、工作，严重的需要手术治疗甚至远离运动场，姚明就是因为疲劳骨折提早退役。再回头看小王的问题，四条原因都占全，发生骨折也不足为奇了。

那酷跑的正确打开方式是什么呢？

一是通过运动手环、手表、心率监测等设备精准监测运动情况，做到心中有数，倒查有据。二是注意均衡营养，切不可因为减肥而忽视肉类的摄入，蛋白质的摄入一定要给足，女生要90克，男生要100克。三是跑步姿势要纠正，身体略微前倾，若长期运动建议佩戴保护装备。经过治疗，小王纠正了之前的错误习惯，很快又回到了热爱的马拉松运动中。

2016 年 8 月，习近平总书记在全国卫生与健康大会上发表重要讲话，提出"健康中国"的概念。没有全民健康，就没有全面小康！

最后送大家一首防治疲劳骨折歌："长跑健身习惯好，科学评估要参考，姿势正确强营养，疲劳骨折防治早。"祝大家跑出开心，跑出健康！

时间里的中国智慧——二十四节气

内蒙古代表队　徐佳阳

今天带着大家领略一下时间里的中国智慧——二十四节气的魅力。"春雨惊春清谷天，夏满芒夏暑相连，秋处露秋寒霜降，冬雪雪冬小大寒。"这首二十四节气歌，您还会背吗？除了立秋吃西瓜、立冬吃饺子，您对二十四节气还有哪些了解呢？在这儿先给您报个喜，2016年11月30日，中国申报的"二十四节气"正式列入人类非物质文化遗产代表作名录。而在国际气象界，它也被誉为"中国的第五大发明"。

中国自古以来就是个农业非常发达的国家，而农业与气象之间的关系非常密切。人们通过观测发现，气候的变化其实是有一定规律的，如果我们按照这个规律去安排农牧业生产，就可以趋利避害。随后人们根据太阳的周年运动，将一年平均分为二十四等份，并且给每等份取了个专有名词，这就是最早的二十四节气。到了秦汉时期，《淮南子》一书中就已经记载了和现代完全一样的"二十四节气"的名称，这也是中国历史上关于"二十四节气"最早的文字记录。

二十四节气的命名不仅可以看出季节的划分，同时也体现了气候与物候的变化。这里的立春、立夏、立秋、立冬、春分、夏至、秋分、冬至是用来反映季节变化的，而反映气候变化的有以下12种：其中小暑、大暑、处暑、小寒、大寒反映气温的变化；雨水、谷雨、小雪、大雪反映了降水现象；白露、寒露、霜降则反映的是水汽凝结与凝华的现象。再来看一下反映物候现象的节气：其中小满、芒种反映有关作物的成熟和收成情况；惊蛰、清明反映自然物候现象，尤其是惊蛰，它以天上的初雷和地上蛰虫的复苏为信号，向天地万物通报春回大地的信息。

古人们根据经验，编制了许多如"清明前后，种瓜点豆"这样脍炙人口的农谚。不仅农谚，与二十四节气相关的诗词歌赋也是不胜枚举，比如"蒹葭苍苍，白露为霜"；再比如"清明时节雨纷纷，路上行人欲断魂"。这些诗词歌赋也是形神兼备，将二十四节气与天气现象巧妙地结合在一起，非常具有传播性和指导性。

二十四节气是我国传统文化的重要组成部分，除此之外还有更多优秀的传统文化需要我们去继承与弘扬，而它们也必将会经历"三生三世"历史与文化的沉淀，以更加鲜活的生命力，在人类文明发展的道路上开出绚烂的"十里桃花"。

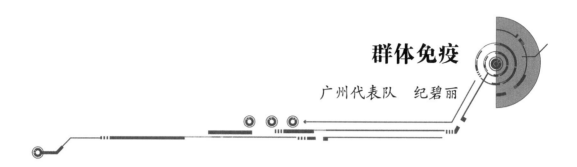

群体免疫

广州代表队　纪碧丽

传染病有多可怕，相信大家都知道。几千年来，人类与传染病的斗争从未停止过，霍乱、疟疾、天花、黑死病等都曾经夺走无数人的生命，直到1796年疫苗的出现，人类才获得重生。疫苗是用各种病原微生物及其代谢物经过灭活或其他手段制成的用于预防传染病的自动免疫制剂，接种疫苗除了使个体免疫之外，更重要的是形成群体免疫。

什么是群体免疫？就是当大部分人对一种疾病免疫时，他们就间接地为其他一些易感人群提供了保护，使得易感人群很难有机会感染某种疾病，以切断传染链的方式，使传染病无法蔓延。

群体免疫到底有多牛呢？举个例子。大家看，假如一个城市中大部分人都没有接种过麻疹疫苗，那么一旦出现麻疹（右手纸杯倒），（左手示意）就如同这瓶液体一样，病毒会迅速扩散，几乎无人幸免。但是如果大部分人都接种了疫苗，情况就截然不同（右手纸杯倒），我们会发现有了这大部分人的免疫保护，会使得传染病在小范围内迅速得到控制，（左手示意）就如同这瓶液体一样。这种免疫力互相守望促进的效果，就叫作群体免疫效应。这种情况下，病毒会被处处围攻而无法生存和繁殖，久而久之传染病就会被消灭，这也正是天花病从1980年后就销声匿迹的原因。

然而，近年来，由于各种原因，许多人拒打疫苗，这会导致什么问题呢？2015年，原本在美国被消灭了十多年的麻疹疫情突然重新暴发，就是因为接种率的下降使群体免疫效应崩溃。

事实上，每个传染病都有群体免疫阈值。说白了，就是接种率必须达到某个标准才可以形成群体免疫。比如麻疹疫苗的群体免疫阈值为83%，低于这个数值时，每个人被感染的风险就会大大提高。所以，接种疫苗或许不是你愿不愿意做的事，而是你应该做的事。

更重要的是，并非所有人都适合接种各种疫苗，比如免疫系统有缺陷的人不能接种麻疹疫苗，对鸡蛋过敏的人不能接种流感疫苗，新生儿、孕妇、病患者等等都不能接种某些疫苗，这部分人只能依靠群体免疫来获得保护。

时间一直是判断价值的标准。从20世纪推行普种牛痘开始，中国的免疫计划走过了60年，尽管存在着不足，但预防接种切切实实地给整个社会带来了巨大的健康收益，接种疫苗不仅能保障自身的健康，同时也能保护身边的人。愿未来某一天，因为有群体免疫，许多传染病会像天花一样成为一个传说。

舌尖上的"伪装者"

卫健委代表队　高翔

"琉璃顶,展飞檐,檐下飞雨燕",这是北京协和医院的院歌,描绘了一幅美丽的画卷。协和之美,在于人,大医精诚张孝骞,万婴之母林巧稚……他们的故事,相信大家都已经耳熟能详。其实,协和还有许许多多精彩的故事,就让我带您一起去翻阅其中的精彩与奥秘。

有一位北京的年轻人,喜欢吃完早餐步行上班,却几次晕倒在上班路上。有一位吉林的大叔,爱好攀登天池欣赏美景,却频频倒在天池旁人事不省。还有一位山东的小护士,经常在早上交班时晕倒在病房……他们辗转求医,却始终诊断不明,协和成为他们最后的希望。

在协和人的字典里,没有"不可能"。协和的前辈们凭借精湛的医术,最终敏锐地发现,这些人的发病,经常只是因为一个馒头,一碗面条,一盘水饺或者一块面包。这些原因看似不同却又息息相关,如果说"病从口入",那么这个舌尖上的伪装者究竟是谁呢?

您猜到了吗? 是小麦! 正是我们餐桌上必不可少的面食诱发了这些人对小麦的过敏性休克。这种疾病叫作"小麦依赖-运动诱发严重过敏反应",由协和医院变态反应科在我国率先诊断并报道了第一例病例。如今协和已经建成了世界最大的患者样本库,走在了国际研究的最前沿!

经常有患者会问: "大夫,为什么我会过敏呢?",这都是过敏源惹的祸啊。除了小麦,常见的过敏源还有花粉与尘螨,牛奶和鸡蛋等。在一定条件下,当过敏源进入人体,就会使人体的免疫平衡失调,从而导致过敏性鼻炎、湿疹,甚至致命的过敏性哮喘。我们采访了一位过敏患者,听听他怎么说。

(视频中,《琅琊榜》中的梅长苏说:我都会喘不过气来,浑身发红,非得灌下药,把它吐出来才会好。)

您知道他是谁吗？他就是著名的过敏患者梅长苏，感谢他为我们现身说法。

世界变态反应组织曾经在 30 个国家、12 亿总人口中做过一个调查，患有不同种类过敏性疾病的人口比例是多少呢？正确答案是：22%。也就是说，在座的各位中，每 5 个人可能就有一位患有过敏性疾病。

那么过敏了应该怎么办呢？正确答案是——变态反应科。1956 年，中国第一个变态反应科就是在协和医院创建的，如今已经走过了 60 年的风雨历程，在我国率先建立起了针对过敏性疾病治疗的三大核心体系。

这就是协和人啊，他们锲而不舍、抽丝剥茧，破解着一个又一个医学难题。在此，也向所有的白衣天使致以最崇高的敬意，愿大家继续在神圣的医学殿堂里迎难而上，振翅飞翔！

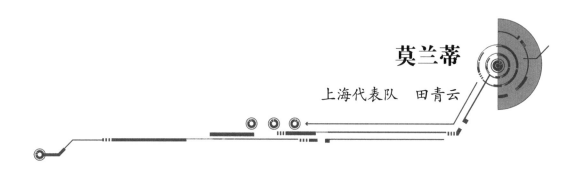

莫兰蒂

上海代表队　田青云

去年，我朋友去一所名校参观，给我发了这样一张图片（"广"门大学）。看到这张图片我有点蒙，似乎没有听说过。在座的各位朋友们有听说过吗？这所大学是鼎鼎有名的厦门大学，怎么变成广门大学了？是谁带走了夏字呢？是它——莫兰蒂。

2016年第14号超强台风"莫兰蒂"，他的到来，让厦门停水、停电各种不便，市政设施严重损坏。那么"莫兰蒂"来自何方，又是如何形成的呢？

广阔的太平洋是"莫兰蒂"的故乡。北半球的夏天，热带海面上炽热的阳光将空气不断加温，就好像我们烧开水的时候，看到锅里的水汽往上冒一样。海面上的空气气温逐渐上升，周围稍微冷的空气补充进来，再次受热上升，如此不断循环便形成了风，由于地球的运动，使得整个大气中的气体像车轮一样旋转起来，转着转着台风便转移到了陆地上。

台风登陆会给当地城市带来严重的破坏。这是为什么呢？我们不妨看一下它的构造：台风从中心向外分为3个部分——台风眼、云墙区、外围云带。台风眼是最安全的区域，位于台风中心，由于气压很低，通常是云淡风轻的好天气；台风云墙处有强烈的上升气流，云墙下是狂风暴雨，是台风最猛烈的区域。

云带同样有上升气流，其中天气状况依然是风雨交加，作为灾害性天气，台风无疑给当地造成了诸多破坏，但是它也会给人类带来福音。台风的到来为我们带来了丰富的淡水资源，驱逐了热量，同时还能增加捕捞产量，所以有人说台风是"使小部分地区受灾，大部分地区受益"，这不是没有道理的。

好了，关于台风，今天我们就说到这里。对了，你一定关心这个被"莫兰蒂"带走的夏字有没有找回来？最后当然是失而复得，物归原处。

发烧这件小事

上海代表队　黄麒通

现在网络上有这么一句话，叫作"蝉在叫，人坏掉"。夏天气温一升高，什么病都来了，包括中暑、发烧等，今天我们的话题就是来聊一聊发烧这件小事。

引起我们发烧的因素特别多，既有内因也有外因，最常见的是感染病毒、细菌。大家应该都知道，在面对感染的时候，我们的身体也不是没有办法，这个办法就是白细胞，他们是我们最可以信任的防线。他们平时的任务少，比较清闲，只能训练、巡逻，日子百无聊赖，他们等待一个机会大展身手。

突然有一天机会来了，白细胞遛弯的时候，有一个可疑分子被发现了！他赶紧拿出一张纸写6个大字——"有人搞事，速来"。这张纸被交给了一个信使，可能是其他白细胞等。信使把这封信交给体温中枢，体温中枢命令肌肉颤抖发热，人就发烧了。很多人发烧的时候不觉得热，反而觉得冷，瑟瑟发抖，就是这个原因。

发烧到底有什么用呢？问大家一个问题，你认为发烧能不能杀菌？发烧当然不能杀菌了，温度要是高到细菌都能杀死，那咱们也能闻到肉味了。

那为什么要发烧呢？很多病菌最佳的繁殖温度是在我们的正常体温附近，当体温升高的时候，他们的繁殖速度便被大大地抑制住了。不仅如此，我们发现体温升高对免疫细胞也是有益的，平时我们的免疫细胞有点懒散，攻击性没有那么强，但温度一升高之后就大杀四方，一增一减战场形势瞬间逆转，咱们的免疫系统就开始教训他们。

当然，发烧也会给我们带来很多的不便，比如说消化不好，肌肉酸痛。人类发明了这样一个东西，叫退烧药，有些人是一言不合就吃药，殊不知这药吃下去，是帮自己还是帮了对手呢？真不是因为医生不负责任，毕竟吃药要遵医嘱，生活要讲科学。

2018年全国科普讲解大赛精选

深渊中的"承上启下"

上海代表队　董毅

这是我们的地球，海洋面积占到71%。蓝色海洋里，蕴藏着无数的奥秘与宝藏。随着科学技术的进步，人类开始把目光投向了6500米以下的深海，这里被称为深渊。

想要下潜到深渊，必须学会"承上""启下"两大技能。

正式下潜之前啊，我先出个脑筋急转弯，请听题，载人深潜器工作总共分几步？答：两步。第一步，沉下去；第二步，浮上来。别看说得简单，这每一步都可谓是步步惊心。

先说怎么沉下去？海洋里深度越深密度越大，物体要想沉下去，密度就得大于海水的密度。单凭深潜器自身的能力是很难下到目的地的，于是科学家们就给它找了个帮手——压载铁。您问什么是压载铁？说白了就是大铁块，在载人深潜器的底部，安装大铁块。入水之后，拽着深潜器就往下走，实现了无动力下沉，节省了能量。哎？您可能会说了，要是刹不住闸可怎么办？简单呀，铁块数量不止一个，扔几个大铁块不就调节了自身的重量，调整了下潜的速度，用这个方法最终安全地到达海底。怎么样，启下的问题先解决了。

可是怎么上来呢？深渊里情况是很复杂的，压力很大，以咱们中国的"蛟龙"号为例，下潜到7062米时，差不多每平方米要承受7000吨海水的压力，这是什么概念呢？相当于您用拇指顶起两辆坦克。

这么大压力，看来，还得找帮手。按照刚才的思路，小于海水的密度，并且能抗压，就可以浮上来，谁符合这个条件呢？哎？科学家首先想到了它——汽油。

大家看，这是世界上第一个下潜到1万米的载人深潜器"的里雅斯特"号，上面是个巨大无比的汽油舱，里面装满了2万多升汽油。在返航时，压载铁全抛掉，汽油比水轻，载人舱被巨大的汽油舱拽着就回到水面。但是危险性不言而喻,您想,头上两万升汽油,搁谁心里谁犯愁。

随着材料科学的进步,科学家们研制了它——纳米级的空心玻璃微珠。大小玻璃珠交替黏合,就像这啤酒泡沫一样排列,组成了类似晶体链的结构。这种材料密度小、体积小、抗压好,针对作业目标具有稳定的悬浮定位能力。中国的"蛟龙"号、"深海勇士"号,红色的顶部里装的都是这种浮力材料,自此承上的问题也解决了。

深渊中的承上启下将为我们揭开更多海洋的奥秘。我国正在加快建设海洋强国,为人类认识、保护、开发海洋不断作出更新更大的贡献!

身边的千里眼——揭秘手机定位

重庆代表队　王昌旭

朋友们，今天，你用手机了吗？

如今啊，手机已经成为我们生活的"必需品"。从"吃吃吃"到"买买买"，可谓一机在手，天下我有。

那么，滴滴司机，是如何找到我们的位置？手机订餐，又是怎样找到美食的呢？答案就是——手机定位。

接下来，我将通过分析三种常见的定位方式，为大家揭开手机定位的神秘面纱。

第一种方式：基站定位。

咱们打电话，必须有信号。因此，只要插上手机卡，手机的通信芯片就会自动发出信号，搜索附近的基站。

假设手机在一定区域内，同时搜索到了 A、B、C 三个基站的信号，那么以这三点为圆心，以手机到基站的距离为半径，就可以画出三个圆形，这三者之间交叉的区域，就是手机的大概位置。基站定位的精度与基站数量密切相关，基站越多，定位就越精准。

第二种方式：身份定位。

有朋友问：假如手机丢了，卡也被换了，能通过定位寻找吗？——当然可以。

其实，每台手机都有一个唯一的身份编码，也就是手机 IMEI 码。它的全称叫作"国际移动设备身份码"，相当于手机的"身份证"。在使用手机时，手机的身份信息也会同时上传到基站数据库并被记录。只要继续使用同一部手机，即使换了手机卡，基站也会根据手机的身份编码第一时间识别手机，通过技术手段反向追踪，就能够锁定手机的位置。

第三种方式：Wi-Fi 定位。

当开启 Wi-Fi 功能后，手机就会自动扫描附近的 Wi-Fi 热点，同时上传手机位置、无线网卡地址等信息。通过分析 Wi-Fi 网络，或者追踪上网痕迹，同样可以定位手机。

科技改变生活。手机定位，就像神话故事中的千里眼，为我们的生活提供了诸多便利。当然，在享受便利的同时，大家也一定不要忘记科学使用手机，保护信息安全。

科技成果，惠及你我。手机定位，今天，你用到了吗？

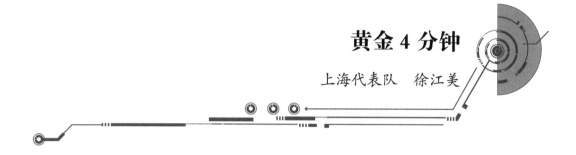

黄金 4 分钟

上海代表队　徐江美

生命常常坚忍顽强，有时却也脆弱如纸。我是上海十院急诊科的一名护士，工作中我看到了太多由于没有得到及时施救而死亡的心脏骤停患者，其实他们中很多人本可以不用离开人世。科学研究表明，心脏骤停患者如果能在 4 分钟内得到急救，存活率非常的高，这就是"黄金 4 分钟"。

今天我想借科普大赛的平台，和大家共同学习一项急救技能：CPR+AED（心肺复苏术＋自动体外除颤器），把握黄金 4 分钟，稳住生命的节奏。你可能会说："我不是医护人员，能进行那么重要的操作吗？"，其实，CPR+AED 人人能做，人人都要学会去做。

假设我们正在逛街，突然有人倒在了你的眼前，您会怎么办？这个时候我们要先用双手去拍打他的双肩，并呼喊他"您能听见我的声音吗"，然后伸出食指和中指去触摸他的颈动脉有没有搏动，同时用脸颊去感受他有没有呼吸，如果发现他没有搏动，没有呼吸，也没有意识回应你，可以初步判断他心脏骤停。这个时候，立即呼救"来人啊，这里有人需要急救，请旁边这位女士帮我拨打120"，然后我们立刻开始实施 CPR 和 AED。

心脏它就像是一个水泵，不停收缩和舒张，维持着我们全身的血液循环。而 CPR 就是人工按压模拟心脏跳动，同时给予人工呼吸来维持大脑和全身器官血和氧的供应，防止器官因缺血缺氧而造成不可逆的损伤。但是要使我们的心脏恢复自主跳动，还必须借助它——AED。

大多数心脏骤停是由于心脏不按节奏地乱跳造成的，就像我们的电脑，当存储过多，就会不按常理运行，甚至卡机不动，这个时候您又会怎么办？关机重启，简单粗暴却直接有效。那么心脏骤停也是一样，我们给它一个强力电击，将所有颤动关掉，再重新起跳，才是复活心跳的根本方法。而 AED，便是终极武器。

AED 叫自动体外除颤仪，是面向普通群众的抢救设备，名字很高端，操作却很简单。六字箴言——"听它说，跟它做"。

首先打开电源，语音便会提示您将两张电极片贴于患者胸前的右上方和左下方，这时它会自动判断患者心律，如果需要电击，AED 将自动充电，并提示周围群众远离，如不需要电击，它就不会充电，非常安全。除颤之后，AED 会持续地检测，我们只需要根据语音提示操作，直到救护车到来就可以了。您看，是不是很简单？你学会了吗？

现在很多机场、大型公共场所、地铁站都配有 AED。虽然机器是冰冷的，但它却可以将人性的温暖与力量传递到每一位心脏骤停的患者身上。如果有人在您身边倒下，请伸出您的双手，把握黄金 4 分钟，为脆弱的生命争取重生的希望。我行！你也行！

床单上的宇宙

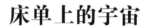

澳门代表队　吴年继

Hello，大家好，欢迎来到澳门科学馆的宇宙食堂。

大家看见我穿成这个样子，我是要做什么呢？是要做菜吗？并不是的，我是来做实验的。天文学家做试验往往是通过观测，或者是在超级计算机当中模拟运算来进行实验。但是今天我设计了一个道具，可以用一张床单，来进行"做实验"的动作，而且可以让大家了解到广义相对论最基本的科学原理。不过需要强调的是，我的这个实验是一个科普的实验，后面的朋友能看清楚吗？是"科普"的实验，不是"抖音"的实验。

好的，我们现在就来开始这个实验。

首先，我的手上有一个小球，这个小球代表太阳，我把它放到床单上。大家有看到吗？床单发生了弯曲，这就是广义相对论最基本的一个科学原理——任何有质量的物体都可以使它周围的时空发生弯曲。有了时空弯曲的现象，我们就可以推论出很多其他的事情了，比如我们在中学时学过的牛顿万有引力定律。在床单这里有一个小球，在床单另外一个地方还有一个小球，牛顿万有引力定律是说任何两个物体之间都存在着相互吸引的力。这一个小球造成了床单的时空弯曲，另一个小球也会造成时空弯曲，于是它们就……撞在了一起。这就是广义相对论框架下牛顿万有引力定律的解释。

现在我们看到了"时空弯曲"，那我们还可以再来看一看，时空弯曲又会引起什么现象呢？比如，地球是围绕着太阳公转的，为什么？因为太阳所造成的时空弯曲比地球所造成的时空弯曲要大得多，所以地球就只能乖乖围绕着太阳所造成的时空弯曲而公转了。我们从太阳飞到更远一点的地方，再来看一看。太阳系当中有 8 颗行星，这 8 颗行星是以什么样的方式围绕着太阳公转的呢？其实从俯视的角度看，它们都是以顺时针的方向围绕着太阳公转的。这是为什么呢？难道是一个特别的巧合吗？并不是的，在太阳系形成的早期，各种物质是互相碰撞的，比如床单上这些弹珠目前仍在互相碰撞……在最后会留下一种拥有优势的平面公转方式，这些弹珠留下的一致方向，就是我们现在看见的太阳系行星的公转方向了。

我们再来看一看，刚刚这一边太阳所造成的时空弯曲大概有这么多，床单展示出一个比较平缓的时空弯曲。但是若加入比太阳的密度和质量都大得多的黑洞，会变成什么样呢？黑洞所造成的时空弯曲会是袜子所展示的这样深。所以我们就能比较直观地理解到，假如有一束光线像这颗弹珠一样从床单上的太阳旁边经过，它的路径虽然会弯曲，但是仍然能逃脱太阳的引力。可是假如有一道光线像这颗弹珠进入到袜筒的黑洞当中，它就没有办法再逃脱出来了。

这样的实验非常简单，大家在家里也可以尝试。但小朋友要拿这张床单实验之前，一定要跟自己的父母商量好，不然你可能会引起父母的时空弯曲。

暴雨套路有多深

河北代表队　蒋书文

平时我们听到的暴雨究竟有多大呢？《天气预报》里说到的暴雨是指 24 小时之内降雨量达到或超过 50 毫米的雨。前年，河北遭遇了近 20 年来最大的一场特大暴雨，我们管它叫作"7·19"特大暴雨。短短两天之内，邯郸市磁县的陶泉乡疯狂倾洒了 783.5 毫米的雨。要知道当地常年平均降水量只有 509 毫米，相当于两天时间把平时一年半的雨一次性都下光了。

我们来打个比方：如果一平方米的面积里 50 毫米的雨可以装满 100 瓶矿泉水，那试问 783.5 毫米又能装多少瓶水呢？细思极恐啊……暴雨天雨量大，而且下得特别集中，就好比我一下子塞给您 10 个大馒头让您吃，您吃得了吗？

人吃多了消化不良，雨下多了水满则溢，接下来我们来细数一下暴雨的"四大罪状"。

第一个，城市内涝。雨水在路边、地道桥、地下车库、地铁站恣意横行，相信生活在城市当中的大家都对此深有体会。

第二个，农田灾害。雨水填满了土壤的缝隙，把氧气赶跑，造成作物烂根。

第三个，引发为患山区的山洪、泥石流、滑坡"三兄弟"。

第四个，雨水浸泡易造成危旧建筑的倒塌。

下面我们跟随马里奥一起来到暴雨当中的城市进行大冒险。首先马里奥非常欢快地走过一段城市积水的路段，走着走着，忽然感觉到脚下一空，"吧唧"一下掉下去了。这是因为积水上涌，把路面上的井盖顶开，形成了一个凶险无比的"吃人井"，它可以表现为一个突然涌起来的泉眼，也可以是一个中间打着旋儿的黑色的大窟窿，但有时它也会潜伏在平静的水面下，让人防不胜防。

马里奥 2.0 接着往前走。这回他走着走着，忽然感觉脚下一麻，不慎触电，头发冒烟又挂了。这回是因为路边的插座进水漏电造成的。不仅如此，像接地广告牌、路灯、断掉的高压线，一旦进水都会让周围的水域变成带电的雷区，谁走谁挂。

马里奥 2.0 倒下了，3.0 继续接棒向前，这回他跳过了"吃人井"，绕过了带电的"雷区"，刚准备通关，一面被雨水浸泡的老旧围墙轰然倒塌，于是 3.0 也挂了。如果土壤被泡软，像危旧建筑、围墙、大树、电线杆、路灯，都可能会成为埋伏在路边的不定时炸弹。

马里奥 4.0 想了想，我的天啊，哥儿几个死得太惨了，算了算了，我还是在家做一名安静的美男子吧。

看完了马里奥的城市历险记，我们再来说说山村。山村更需要防范暴雨，因为暴雨造成的山洪那才是真正的下山猛虎，所经之处可谓是摧枯拉朽，上百吨重的巨石都能被它轻易地推着走。

如果水里的泥沙石子多了，就变成了泥石流；如果山被泡软塌掉就变成了滑坡。所以在暴雨来临之前，身处山腰、山脚的各位要赶快往高处的安全地带转移。

如果听到远处有"隆隆"的响声，并且地面微微震动的话，代表山洪来了，就一个字："跑"！千万记住，要往与河道呈垂直方向的两侧山坡上跑，不要顺着河道往下游跑，百米飞人博尔特也跑不过洪水。更不要想着游到河的对面去，别忘了，这水里还有山洪的玩具——大石头呢。

现代火眼金睛术——人脸识别技术

公安部代表队　白洁

我们都知道，西游记中孙悟空有一双火眼金睛，让妖魔鬼怪无处遁形。而在现实生活中，也有一种火眼金睛术，那就是人脸识别技术。

生活中，这一技术的应用十分广泛。拿起手机，让摄像头对准自己的脸庞，咔嚓一声，手机成功解锁。此外，美颜相机自动美颜、刷脸进站、刷脸取钱等，都是这一技术的运用。2015 年 3 月，在德国汉诺威 IT 博览会上，马云现场展示了 Smile to Pay 刷脸支付技术，为嘉宾从淘宝网上购物。这一切让我们不得不感慨，刷脸时代，真的到来了！而刷脸，可以充分证明我就是我！

当然，人脸识别技术更重要的应用是在公安领域，可以解决两大难题：

第一，他是谁？近日，歌神张学友被冠以警界卧底的称号。在他 520 的演唱会上，警察现场抓获逃犯一名，而这已是第三次在他的演唱会现场抓获逃犯。原来呀，这是有着安保人脸识别系统的神助攻，使民警迅速准确地锁定了逃犯。

第二，他在哪？我们在影视剧里见过这样的情景：利用被称为天眼的神奇软件进行海量搜捕，通过每个摄像头进行搜索，最终发现嫌疑人的藏身之处。当然，目前可能还达不到这样的技术水平，但这是未来发展的方向。

那么如此神奇的人脸识别技术是怎样做到的呢？我们一起来看看。

总的来说，人脸识别技术就是基于计算机图像处理技术和生物识别技术，提取人脸有效特征信息，从而辨识身份。那么从最初的图像采集到最终的精准判定要经过怎样的流程呢？第一步是图像采集，先要确定输入的图像中是否有人脸存在。这是 2014 年所拍摄的一张人数最多的自拍合影，找到了 880 张人脸。下一步是关键点定位，确定主要器官的位置、大小等信息。再进一步，特征提取，这也是最最关键的一步，这就要说到算法啦。历经几代革新，从早期的几何特征算法，到人工特征 + 分类器精准降维，再到深度学习方法，利用卷积神经网络对海量的人脸图片进行学习，提取出区分不同人脸的特征向量，精准度大幅提升。

最后，就是通过三维建模在数据库中筛选比对，直到比对成功，确定身份。这就是人脸识别的基本流程。

可能有人会问，如果整容了，那还能检测出来吗？

事实上，影响人脸识别的因素有很多，如姿态、表情、光照、遮挡、模糊等。但是，特征提取的重点是稳定的特征，比如说瞳距，即使整容也很难改变。

而且，人脸识别系统会首先进行图像的预处理。通过人脸配准，实现尺度归一，然后再进行特征提取。

伴随着人脸识别技术的迅速发展，中国将拥有世界上最大的人脸识别数据库。让我们用科技创新推进智慧警务，用数据变革打造平安中国，用科学和创造让未来生活更加美好！

"雷击哥"探案

气象局代表队　刘晓东

大家好，我是"雷击哥"刘晓东，去年我在户外播报天气时被雷电击中，此事一出，立即成为国内外媒体报道的热点，我也成了全球网红。为什么我会遭遇雷电黑手？为什么又轻易被放过？这幕后的真凶到底是谁呢？今天我就走进雷电家族，把事情搞个水落石出。

调阅雷电家族的档案发现，他们的成员并不多，但个个桀骜不驯。

一号嫌疑人，直击雷。在雷电家族中排行老大，脾气最暴躁，雷击视频中出现的闪电就是他的身影！他常在带电云层与地面物体之间迅猛放电，可以在瞬间击伤击毙人畜。而那天我只是手臂发麻，这不像是直击雷的作案手法。而且他的目标是远在几公里外的一栋高楼，不在案发第一现场，因此我们初步排除他的嫌疑，那凶手会不会是雷家老二呢？

二号嫌疑人，球形雷。身材矮胖，行动灵活，常神出鬼没。他会随气流在近地面自由飘飞。有时他会无声消失，有时又会因为碰到障碍物而发生爆炸。从体貌特征和伤害我的程度来判断，显然作案的也不是他。

雷电家族还有个形迹诡秘的老三感应雷。他与老大直击雷关系最好，形影不离，常潜伏在云层与地面之间蓄势待发。他会因为感应到天空中的带电雷云，而在高处物体周围聚集大量电荷，当电荷聚集到一定程度，就会放电，造成人员伤害。他也常常会沿着管线进入室内，损坏电子设备。

这样看来，老三感应雷嫌疑最大！但当时我所处的位置已经安装了避雷针，为什么没有对我起到保护作用呢？避雷针，专业名称接闪杆。其实它是一个引雷设备，它把雷电引向自己，再通过引下线、接地装置将雷电流引入大地，从而使建筑物免遭雷击。因此在接闪杆周围，更容易聚集大量电荷，加上我周围的雨伞、话筒、摄像机、三脚架都是金属物质，导致大量电荷聚集，引起瞬间放电。真相终于大白，袭击我的凶手就是感应雷！

但不是所有遭遇雷电袭击的人都能像我这样幸运，所以还得给大家提个醒，遇到雷雨天儿：

一要躲：面对雷电这样的凶狠惯犯，能躲则躲，少出门。

二要防：待在室内也不是百分百的安全，要关闭门窗、拔下电源插头、远离管线，完全不给他行凶作案的机会。

三要避：在室外与雷雨天狭路相逢，一定要避开利于他作案的这些场所。

四要护：在空旷的地方，一定要放低姿态求保护。双脚并拢，蹲下，双手抱膝，身向前屈。

五要学：平时多了解防雷知识，掌握应对措施。

虽然对于雷电家族我们会有各种防护措施，但是他们的脾气秉性我们也无法完全摸透，就像范伟老师小品里的一句话："这真的是让人防不胜防啊！"。所以，面对雷电家族，我们不能存在一点侥幸心理！谢谢大家！

2019 年全国科普讲解大赛精选

高速公路上的"流动杀手"

广州代表队　马俊

大家好，今天我要和大家聊一聊高速公路上的"流动杀手"。随着汽车时代的到来，很多朋友多了一个新的身份——驾驶员，也会经常开车在高速公路上行驶，但是大家听说过高速公路上有"流动杀手"吗？我们现场的朋友有知道的吗？麻烦举手来示意我一下？

看来知道的人还不多，那我们就来看一段视频，从这段视频中寻找答案。（播放视频）一辆车夜间正常行驶在高速公路上，视线不错，车开得挺快的，但是短短几秒钟之后，我们看发生了什么？汽车毫无征兆地突然就冲进一团大雾当中，能见度迅速降低甚至接近于0，让看到视频的人都不禁为这位司机捏了一把汗！

而这团突然出现的大雾，就叫团雾。因其神出鬼没的特性，很多司机都把它称作高速公路上的"流动杀手"！根据广东省交通厅交通管理局统计的资料显示，2018年广东全省有152个路段出现过三次以上的团雾，有14个路段出现过十次以上的团雾，其中京港澳高速的云岩到大桥段更是成为重灾区，一年就出现了120次，可以说，如果你在我们广东通过高速出行，遇到它的概率是相当大的。

那什么是团雾呢？从气象学的概念上讲，团雾的本质也是雾，是由于地面辐射冷却，贴近地面的空气变冷凝结而成。但它相比于雾，更容易受到局部微环境和气候的影响，往往是出现在几十米到上百米的范围之内，形象一点说（拿出道具一朵云）就像是一朵云刚好就落在了路面上，云里面是雾气缭绕，云外面视线良好。它具有突发性更强、雾气更浓、能见度更低的特点，能见度最差的时候只有一二十米，因此人们都把它称作雾中雾。每年的十一月到来年三月，都是团雾出现的高发期，而在一天当中，它往往都是出现在晚上十点之后到第二天八点之前，而出没的地点有个共性您记好了，那就是水汽充足。像雨后的山区公路、江河湖泊附近以及低洼地段，特别是下过雨后的一到两天，如果天气非常晴朗的话一定要多加留意，如果您是位新手的话，就建议避开这些特定的时间和地点。

有的朋友会问，那我避不开遇到了该怎么办呢？遇到团雾，一怕快，二怕停，三怕慌乱。当您开车在高速冲进团雾的时候，千万不要立即刹车，而应该用轻点刹车的方式把车速给降下来，因为这个时候如果突然刹车，非常容易引发追尾事故。同时要打开近光灯，尾灯和示廓灯，也可以不断地去按喇叭，提醒其他车辆注意到自己。当有条件的时候，我们要迅速驶离高速公路，如果没有办法驶离您可以把车就停在应急车道上，放置好警示装置，打开双闪灯，车上人员要立即翻越到护栏以外的安全地带。

美国作家曼迪诺曾说过："对于突发状况，如果没有做好充分的思想准备，那么厄运就会像大海的波涛一样不断涌向你。"其实了解了关于团雾的那些事儿，掌握了正确的应对与驾驶技巧，当遭遇到这位"流动杀手"的时候，它的杀伤力也会大大降低。道路千万条，安全第一条，希望今天的讲解对您有所帮助，愿您安全出行，平安回家。

5G 世界角力新焦点

军队代表队　王婧怡

今年 4 月，一段视频刷爆网络。从一年前美国强行扣押华为高管，到如今冻结谷歌、高通、英特尔与华为的一切往来，美国在以举国之力封杀华为，它到底在怕什么？今天，让我们一起揭秘这场世界角力新焦点——5G 技术。

5G 技术中的 "G" 是英文 Generation 的缩写，意为 "代"，"5G" 即第五代移动通信技术。大家记得大哥大吗？它代表了 "1G"，只能够传递声音，"2G" 增加了短信功能，"3G" 拥有了多媒体通信功能，而 "4G" 网速提高了 8 倍，互联网 VR 得以实现，那 "5G" 呢？

5G 速度可达 4G 的一百倍，下载一部 1GB 大小的电影，只需要 2 秒，这么快的网速是如何实现的呢？

第一，毫米波。如今的频率资源十分的拥挤，而 5G 毫米波的出现就像拓增了无数车道，信息由无数车道同时传送，必然带来更高速率、更大带宽。

第二，微基站。4G 基站大、距离远、损耗大，而 5G 的微基站只有巴掌大小，可以海量安装，随处可见，密集的分布减少了损耗，更提升了承载力。没信号的现象将不复存在。

第三，波束赋形。4G 基站以扩散方式辐射信号，您离得远，信号就差，而 5G 基站能够自动识别您的位置，定向传输信号，这种技术就叫波束赋形。

第四，MIMO 技术。以前的手机天线都去哪儿了？（拿出旧款手机），其实它只是变小，隐藏在手机里，MIMO 技术就是将手机和基站的天线变得更小更多，形成天线矩阵，这样，用户收发信号就会更快更强。

科技兴，则民族兴；科技强，则国家强。放眼世界 5G，中国华为实现了最新 5G 基站铺设，最多 5G 专利技术，更是研发出了世界最快的 5G 多模芯片，中国的全方位领先正是美国紧张的原因。

　　一项通信技术为何成了世界角力新焦点？因为 5G 不仅会改变我们的生活，更会对未来的战争形态产生颠覆性的影响，无人系统将全面成为作战主力，少一名驾驶员就多一名战斗员，战场信息实时传递，少一秒信息延迟就多一分制胜先机，谁领先了 5G，谁就抢占了未来世界角力的制高点。

　　这一次，中国能否成功领跑全球，让我们拭目以待！5G 将至，未来已来，我们，准备好了。

儿童包皮及手术指征

重庆代表队　魏仪

大家好，今天我要给大家来一段说书：书接上回，在我行医江湖之际，总会遇到大家有这样的困惑，哎，大夫，你看看我家小孩究竟是包皮过长还是包茎，是否非手术不可？最佳年龄又是几岁？哪种情况不能手术？

不急，今天我们就一起一探究竟。首先，我们得好生说说这包皮，此乃正常人的皮肤在阴茎头处褶成的双层结构，能够避免我们小孩行走江湖之际受到外伤和细菌、病毒的乘虚而入，实乃居家旅行之必备良剂。可俗话说得好，水能载舟，亦能覆舟。有的小孩包皮长得盖住了整个阴茎头，（拿出模型）但在下翻包皮的过程中能露出头和尿道口，我们称它为包皮过长。

而严重的小孩整个尿道口狭小，粘连重，嘿，好家伙，即便下翻也不能露出头来，我们称之为包茎，说到这，各位对于后方图中哪个是包皮过长，哪个是包茎，想必已经了然于胸。

那好，咱们接着说道，这二包在家长育儿圈那可是臭名昭著，除了它本身外观给小孩带来的心理伤害之外，主要源于如下四点：一是尿垢的形成，就是我们民间说的包皮Jia Jia，容易滋生细菌，衍生感染；二是发生炎症，当细菌滋生的速度超过了包皮的自我清洁能力时，就会发生炎症、水肿，进一步刺激孩子出现尿频、尿急；三是炎症反反复复地发生，这样会引起包皮瘢痕的形成，进一步增加成年后早泄和患上阴茎肿瘤的风险；四是小孩时常会发生反复的排尿鼓包、排尿疼痛，以及尿路感染、尿路梗阻。因此一时间整个家长育儿圈风声鹤唳，风雨欲来，不少家长看着隔壁家张三家、李四家都带着自己的孩子噌噌地去做了包皮手术，也是心急火燎地跑来找我，大夫大夫，您也给我家的孩子来一刀呗。

打住！送诸位一句话，他强任他强，清风拂山冈。对于婴幼儿，由于存在包皮和阴茎头生理性的天然粘连，或多或少都有这样的表现，到了四五岁，随着粘连逐渐缓解消失，许多儿童的阴茎头都能外翻显露出来，以上问题都能迎刃而解。因此不是所有的包皮过长都要手术，您需要的可能只是一个耐心的等待，对此各位可还有疑惑？

嘿，有人会问了："大夫，您的意思是咱们置之不理不成？"非也，非也，其间我们也会让家长注意包皮和阴茎头的清洁和卫生护理，多翻翻，多洗洗，倘若到了六七岁，仍然出现反反复复的排尿鼓包、排尿疼痛、尿路感染、尿路梗阻以及反复的包皮尿道口的炎症，我手中的这把柳叶刀定然不会放过。最后，其实很多小孩的阴茎缩到了包皮和脂肪层里去了，也就是隐匿性阴茎，可不能盲目做手术啊，欲知原因，且听我们下回分解。

人体的发动机——心脏

天津代表队　陈柄伟

大家好，我是一名心血管内科的介入手术医生，每天都要和心脏打交道。我手上是一个放大的心脏模型，心脏一般和自己的拳头一样大小，但却是维系一个人生命的发动机。

人还没有出生，心脏就已经开始了跳动。清醒状态下，心脏停搏只要超过3秒，人就会眼前发黑甚至丧失意识。正是因为心脏每天8万到10万次的不停跳动，身体才能获得养分和氧气，代谢产生的废物才能够排出体外。

说到心脏的功能，我首先想到一个字，"泵"。泵能够让水循环起来，我们的身体也有两个循环。富含氧气的动脉血液离开心脏到达全身，氧气被吸收变成了静脉血再回到心脏，完成了一次体循环；静脉血离开心脏，到肺脏重新吸收氧气成为动脉血回到心脏，完成了一次肺循环。两个循环为我们的身体源源不断地提供氧气。

现在大家都在吐槽房价高昂，但其实在每个人的身体里都有一座两层的别墅，它就是心脏。这座别墅有墙、有门窗，还有电路和水管。下面让我们来参观一下这座豪华别墅吧。

别墅的二楼叫心房，一楼叫心室，中间一堵墙把它们分成了4个房间。全身的静脉血液回到右心房，右心室再把静脉血泵入到肺脏；肺脏的动脉血回到左心房，左心室强有力的收缩再把动脉血送到全身。如果中间的这堵墙破了洞，就会形成房间隔缺损或者室间隔缺损，血液就不能沿着正常的方向进行流动。

在心房和心室之间，以及心室的出口处有门和窗，这就是瓣膜。瓣膜起着单向阀的作用，保证血流只能沿着一个方向流动。如果门窗打开困难或者关闭不上，就会出现瓣膜病。

心脏最精妙的地方就在于能够有规律地进行收缩。可以想象心脏是由很多士兵组成的部队，部队要想步调一致地前进，必须要有一个人喊号子，心脏里喊号子的是窦房结。窦房结发出的信号，沿着心脏的"电路"迅速传遍整个心脏，保证了心脏能够整齐一致地收缩。门诊中很多患者咨询什么是窦性心律，其实由窦房结主导的正常心脏节律，就是窦性心律。

心脏本身也是肌肉组织，和四肢的肌肉一样也需要氧气和养分，给心脏输送氧气和养分的血管就是冠状动脉。这些动脉像帽子一样扣在心脏上，古语中称帽子为"冠"，冠状动脉由此而得名。冠状动脉如果发生了狭窄甚至完全阻塞，就会发生冠状动脉性心脏病，简称冠心病。

最后，让我们保护好自己身体的发动机，珍惜大自然赋予我们的这座维系生命的豪华别墅！

谁动了我们的莫高窟

气象局代表队　张澍舟

　　大家好，欢迎乘坐"科普号"时光机，我是机长澍舟。请大家凝神屏息，与我一起穿越回 1600 年前，欣赏莫高窟的"千年容颜"，天衣飞扬，满壁风动。前方到站 1900 年，道士王圆箓奋力清除淤沙，打开藏经洞，莫高窟名扬天下。下一站 1908 年，法国探险家伯希和用镜头清晰地记录下 217 窟壁画的富丽多彩。停靠在 2011 年，同一幅画你还认得出来吗？再来看这幅图，这是曾经被风沙深埋的 16 窟，清沙之后右下角的壁画已经荡然无存……迄今为止，4.5 万平方米的壁画中有 20% 遭受不同程度损坏，一半以上褪色、起甲、酥碱。莫高窟正以"比古代快 100 倍的速度走向死亡"。那么问题来了，是谁让这座世界级的文化艺术宝库遭遇如此"浩劫"？

　　让我们暂停旅程，追溯元凶。莫高窟地处重度沙漠化地带，年平均降水量只有 29 mm，蒸发量却是它的 157 倍，且窟区起沙风每年可达 35 ~ 148 天，其中风沙蔽日的天数就有 20 ~ 35 天。再加上近百年来，人类活动和气候变暖使沙漠化程度加剧，风沙灾害成为莫高窟长期保存的最大威胁。

　　那么风沙是如何伤害她的呢？其实，从五代时期起一场与风沙赛跑的千年"马拉松"就已打响。经过多年的寻踪觅影，三大杀手浮出水面。

　　杀手一：积沙。莫高窟东邻三危山，西接鸣沙山，主风害为偏西风，每年对窟区造成约 3000 m³ 积沙，相当于将一栋 10 层高的大楼直接倾覆在窟前。

　　杀手二：风蚀。由于石窟群开凿在沙砾岩上，极易受到风蚀侵害，所以不少洞窟顶部剥蚀、变薄，甚至遭受"灭顶之灾"。

　　杀手三：降尘。沙尘随风或空气流通降落在壁画表面，形成降尘，特点有四，小、多、硬，还怪。其中棱角状高硬度石英颗粒占 83%，最小颗粒直径只有一根头发丝的十分之一。它们从裂缝乘虚而入，壁画随之大面积脱落。

听到这，大家可能会想，莫高窟真的会"死亡"吗？启动时光机回到 2019 年，莫高窟依然耸立。一代代科学工作者为了最大限度地延缓莫高窟的衰老，找到了痛击三大杀手的治沙套餐：崖面化学固沙带、窟顶砾石压沙带起到固沙作用，以自然之力还治自然之害；远处边缘沙丘采用阻沙栅栏带、麦草方格带、人工植被带来阻止风沙；窟顶保留空白带作为天然输沙场。如此，结合机械、生物加化学的主要措施构成了以"固、阻、输、导"为主体的"六带一体"防护体系，使进入窟区的积沙量减少了 85% 以上。

和风沙赛跑只有进行时，请和我一起去往 2119 年，相信百年之后，丝路明珠莫高窟依然矗立黄沙不倒，这珍贵的世界文化遗产将永远灿烂生辉！

小贝壳大世界

自然资源部代表队　李宗剑

说到贝壳我们都不陌生，那这么多的贝壳您见过吗？您看，我们所了解的贝壳家族成员，有陆地上的蜗牛，还有沙滩上的贝壳。其实，除了这些之外，它们还有很多很多成员。

它们的家族在地球上已经生活了五亿年之久，除了我们今天看到的贝壳之外，其实有一种海螺一直存活到了今天，就是我们所看到的鹦鹉螺（拿出实物模型）。

鹦鹉螺非常神奇，你听，能听到它的声音吗？有水的声音，如果我们把它打开，您看，它的房间内有这么一个结构，当水灌满每一个小小的隔间时，它们就会下沉，当水排出来就会上浮，和我们潜水艇的原理非常像。科学家研究发现，这小小的隔间还是它们的"年轮"呢，每一个小隔间都是历时一个月长成的，这只鹦鹉螺很明显，有三十多个月。

进一步的研究发现，它们的螺旋接近于黄金分割螺旋，又是我们所说的斐波那契数列。在我们的生活里黄金分割非常的多，存在于很多的现象当中，其中在海螺家族内，有一只海螺来自于日本，另一只来自于菲律宾，两个海螺从来没有见过面，您看，一、二、三、四，居然能把它们拧合在一起，还能够在这儿转动呢！这就是它神奇之处。通过测量发现，它的螺旋纹路接近于对数螺旋线，生活当中飞蛾扑火的运动轨迹、手上的指纹、耳朵里的耳蜗、头顶上的发旋都与之有相通之处。

这是一只海螺切面 CT 图，您看，我们右边的耳蜗和它是不是很像呢？在大自然里，海螺的家族当中，这种螺旋线非常的多。贝壳我们都知道，它的主要成分是碳酸钙，今天我给大家拿来了一只扇贝，这只扇贝在我的手里，而我右手拿的是什么呢？是瓷砖，四块瓷砖放在一起大约是四厘米，而这只小贝壳只有四毫米，请看好，一、二、三（敲击），是不是都碎掉了，那是什么原因呢？请看，我们把画面放大到 6 μm 到 30 μm 之间，可以发现一种有序的矿物桥结构，正是由于这种结构使它的抗压力达到瓷砖的数百倍以上。

还有一种神奇的海螺，就是小时候大人告诉我们，从海螺里面能够听到大海声音的这种（吹海螺），其实它是一只网红音箱，您听，（海螺与音响贴合）是不是声音被放大了？那它的原理是什么呢？其实声音就像子弹一样，而海螺内部的纹路则是天然的"膛线"。子弹击发后在膛线内旋转，经过膛线的"加工"获得了更大的动能；而声音在经过海螺的"加工"时，则是被其中螺旋状的纹路不断地反射、放大，由此我们便听到了放大后的声音。那么，现在大家能猜到"大海的声音"到底是什么了吗？没错，那其实是我们所处环境的白噪声和血管流动声音的混合产物，若你所处海边，那便确是大海的声音了。

贝壳在古代还是我们的货币，5只穿成一串，每两串就是一个货币单位，叫朋友的"朋"。直到今天，带"贝"字旁的汉字含义还是都跟钱（财富）"沾亲带故"。

其实，小贝壳里面还涉及天文、地理、物理、生物、化学等数十个学科，让贝壳为大家开启海洋知识的大门吧，谢谢大家。

中国强磁场

中科院代表队　方明

磁场，我们都比较熟悉，它看不见也摸不着，通常我们用磁感应线来表示它。当我们将两块磁铁靠近的时候，就能够感受到同性相斥、异性相吸，这就是磁场的力量。

人类很早就开始利用地球产生的地磁场了，但是地磁场的强度并不高，通常我们用特斯拉（T）和高斯（Gs）来作为磁感应强度的单位，1特斯拉等于10 000高斯，地磁场的强度只有0.5高斯左右，而一般永磁体的磁场强度从几十到几千高斯不等。医院使用的核磁共振成像仪的磁场强度一般在3特斯拉，也就是30 000高斯，相当于地磁场的6万倍。

那么我们为什么要建强磁场呢？大家请看，这是用3特斯拉核磁共振成像仪生成的猕猴脑部图像，而当我们用9.4特斯拉的强度做同样的成像时，可以看到，清晰度和细节都优秀了很多，这就是强磁场的力量。

当然，强磁场的作用不仅仅于此，它也是科学家们用于科学研究的一种极端实验环境，它可以用在物理、化学、生物和生命科学等各个领域，也可以帮助我们发现和认识很多新的现象，比如樱桃就可以在强磁场中悬浮，我们叫它磁悬浮樱桃，非常有趣。

强磁场根据持续时间的长短，又可以分为稳态强磁场和脉冲强磁场，脉冲强磁场的持续时间非常的短，只有毫秒级；而稳态强磁场的持续时间可以任意长，今天我要给大家介绍的就是稳态强磁场。

以前，我国由于缺乏强磁场的实验条件，所以失去了很多抢占科技前沿的机会，而现在我们终于有了自己的稳态强磁场装置。我国是继美国、法国、荷兰、日本之后第五个拥有自己强磁场实验室的国家。我国的稳态强磁场装置共分为三大金刚：超导磁体、水冷磁体和混合磁体。

所谓的超导磁体就是用超导体作为通电线圈的磁体，超导体有一个特点，那就是它在临界温度以下工作的时候电阻为零，这就意味着它不发热，所以耗能很少。刚才提到的核磁共振成像仪，它的核心部件就是超导磁体。

水冷磁体顾名思义，就是用水去冷却的磁体。因为它使用的通电线圈是普通的导体，所以它的发热量非常大，我们需要用水来给它降温冷却。当然这不是一般的水，而是不导电的去离子水。

而想要实现最强的稳态磁场，就得将超导磁体和水冷磁体这两大金刚合体，将二者产生的磁场相互叠加，就形成了我们的第三大金刚：混合磁体。由我国自主研发的水冷磁体目前已经创下了 3 项世界纪录，混合磁体的磁场强度更是达到 42.9 特斯拉，相当于地磁场的 80 多万倍，目前位居世界第二，而我们下一步的目标，就是要冲击 45 特斯拉的世界纪录。

目前，我们已经发现强磁场可以抑制癌细胞的分裂，这就为癌症的治疗提供了一个重要思路。强磁场技术的不断提高让各行业的技术都有了崭新的前景，像室温超导材料和超高速计算机等未来科技也许就在我们的眼前，所以，让我们期待一下吧。

2020 年全国科普讲解大赛精选

液体铠甲

军队代表队　郭千姣

大家好，我是郭千姣，没错，我就是视频中的那个可温柔、可勇猛、静若处子，动如脱兔的姑娘，不过今天的主角可不是我，而是和我一样刚柔并济的液体铠甲。

液体和铠甲怎么能结合到一块？这就要说到一个神奇的物质：非牛顿流体。我们知道，根据牛顿黏性实验定律，液体的黏度值是恒定不变的，比如水、酒精等，这类纯液体被称作牛顿流体；那么顾名思义，非牛顿流体就是指不满足牛顿黏性实验定律的流体，它的黏度值是变化量。那么它长什么样？我们来做个实验，把水和淀粉按 1 ∶ 3 的比例融合，就制成了一盆简易的非牛顿流体，这时我们轻轻地搅动，它跟普通的液体一样，但是当我拿起小锤用力砸下去，流体表面竟瞬间变得异常坚硬。

为什么同一种物质会呈现两种不同的状态？其实这就是非牛顿流体的一个重要特性，它的黏度会随着压力和冲击力的增大而增大，就像一个吃软不吃硬的小姑娘，当你温柔对她，她就是个萌妹子，你一旦对她粗鲁，她就瞬间化身为女汉子。

今天的主角是液体铠甲，前面说了液体，下面来说说铠甲。目前世界各国军队装备的防弹衣种类很多，其中最常见就是凯夫拉纤维防弹衣。重点来了，科学家利用非牛顿流体的特性研制出剪切增稠液，将凯夫拉纤维浸入剪切增稠液中，经过一系列复杂的制作工艺，终于诞生了神奇的液体防弹衣。据记载，海湾战争中穿着凯夫拉防弹衣的士兵也有 1/3 出现脊柱和骨骼损伤，而液体防弹衣厚度减少了 45% ～ 55%，它会不会不足以胜任防弹的工作？我们来看一个实验，用 9 毫米口径手枪分别射击 31 层的凯夫拉防弹衣和 10 层的液体防弹衣，当子弹击中时，可以看到凯夫拉防弹衣所承受的子弹冲击力较为集中，而液体防弹衣遇强更强，其黏度和硬度能够瞬间增强数百倍，子弹的冲击力迅速被分散，破坏力大大降低，可见液体防弹衣的性能远远优于凯夫拉防弹衣。目前我国已成为既美国和英国之后，第三个掌握该技术的国家，相信在不久的将来，液体防弹衣必将成为现代战场单兵防护的新宠。科技强国，科技强军，未来战场，看我驰骋。

向死神要生命——"魔肺"

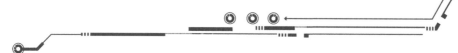

军队代表队　韩康

2020年2月2日凌晨两点，集合的哨声划破黑夜，我们出发了。03：00迈着整齐的步伐，告别故乡；09：00落地武汉天河机场；10：00第一次看这个城市，雾锁长江；36小时后，火神山……成为我新的战场。

老徐，是我接诊的第一个患者。当我第一次看到他时，他已经气管切开，呼吸衰竭，生命危在旦夕。面对这种情况，我们拿出的终极武器就是——人工肺膜！

人工肺膜，通俗来讲，就是我们人体之外的第二个肺。那么，作为向死神要生命的人工肺膜，到底是什么呢？

人工肺膜又叫叶克膜、魔肺，全称是体外膜肺氧合。它并不是简简单单的一张膜，而是一整套系统，包括变温水箱、空氧混合器、各种监测设备以及最为主要的驱动泵和膜式氧合器。

要知道，人在正常呼吸的时候，氧气和二氧化碳穿过肺泡，完成彼此间气体的交换过程。但是当不幸像老徐那样感染了新冠病毒并且免疫力非常低下时，病毒就能压制你的免疫细胞并杀死大量的正常细胞。这将会导致人体肺组织崩溃，肺泡壁漏液，整个肺部就会像泡在游泳池中一样举步维艰，气体无法正常交换，人体进入了最危急的时刻。

此时，人工肺膜作为一个超级替补，开始发挥它的作用。当人工肺膜运行时，驱动泵就像心脏一样开始发挥动力作用，通过已经置入体内的导管将静脉血抽出，形成体外血循环；接着血液会来到膜式氧合器，它会利用其中的中空纤维膜驱动气体再次发生交换的过程。氧气进入血液之中，二氧化碳被排出，静脉血变成了动脉血然后被重新泵回给患者。就这样，人工肺膜在体外完美地替代了肺的作用，维持着呼吸和交换。

在无数人的努力以及人工肺膜的帮助下，老徐终于转危为安。

尽管人工肺膜非常强大，但它同样有着诸多限制，只能起到维持生命的作用，不能作为一种治疗的手段，而且它的使用成本非常的高，只是开机费用就要 7 万多元。

面对死神，人工肺膜帮我们抢到了最为宝贵的时间；面对生命，中国展现了独有的大国情怀；面对成千上万个"老徐"，人工魔肺、康复期血浆、干细胞乃至肺移植，只要有一丝希望，我们"应收尽收，应治尽治"，不惜一切代价挽救每一个民众的生命！这就是中国，令我骄傲和自豪的伟大祖国。

"我"就是神奇的催化剂

国家民委代表队　李琳

大家好，我们每天都用牙膏，那您见过大象的牙膏吗？请您屏住呼吸，让我们一起制作一款大象的牙膏（旁白：过氧化氢，洗洁精，加点颜色，最后再来点神秘物质，哇，大象牙膏实验成功！）。原来，奥秘在这里：过氧化氢迅速分解产生大量氧气，碰到洗洁精便形成泡沫喷涌而出，这其中有个最为关键的角色——碘化钾，是它加快了过氧化氢的分解。下面，让我们隆重请出今天的主人公，"我"——神奇的催化剂。

"我"到底是谁？"我"的中文名叫催化剂，英文名 catalyst。我诞生于 1836 年，一位瑞典化学家通过甜酒变醋酸的魔术神杯第一次发现了我的存在。我的性格很特别："一变二不变"，我能改变反应的速率，但我的质量和化学性质在反应前后不变，那么问题来了，我为什么能加快反应速率呢？

原来，反应物与产物之间隔着一座能量的山峰，而催化剂能与反应物形成中间物质，提供了一条迂回路径，使能量山峰的高度明显降低。打个比方，假如没有催化剂，反应物需要翻越珠穆朗玛峰才能变成产物；而有了催化剂，反应物只需要轻松跃过几个小山丘就能变成产物；路径不同，当然速度也就不一样了。著名的诺贝尔化学奖得主格哈德·埃特尔就详细研究了氮气和氢气这两个性格孤傲的气体分子如何相互反应生成氨气，在这个号称"空气变面包"的人工固氮过程中，"我"就是那个不可或缺的关键媒人——铁基催化剂。

20 世纪 60 年代发生了震惊世界的畸形婴儿事件，后来发现，治疗孕妇呕吐的药物"反应停"有两种分子，其中一种具有镇静效果，而另外一种却有致畸作用，所谓差之毫厘谬以千里，怎么办？科学家还是将目光投向了神奇的我，因为我不仅可以加快反应速率，还能提高反应的准确性呢！当反应物面对多条路径纠结的时候，"我"可以化身指挥官，指挥反应物朝着特定方向走下去，最终生成我们所需要的目标产物。所以，毫不夸张地说，

"我"的出现可以有效避免类似"反应停"悲剧的重演。

2020 年，一场突如其来的新冠疫情让人们对新冠特效药翘首以盼，而药物的合成可以说离不开催化剂。因此，小小身材的"我"说不定还能成为打败病毒的大大功臣哦！催天下之反应，化世间之道理，请您记住：在科技强国的道路上，"我"一直都在您身边！谢谢大家。

机器人的动物世界

市场监管总局代表队　林娟

　　开场用一段熟悉的旋律致敬了我们心中的经典（背景音乐），央视版的《动物世界》曾让我们大开眼界，透过镜头见识了大自然的神奇。而今，我们从自然界中获得灵感，创造了各式各样的动物形态机器人，它们在一起就像一个新的动物世界。

　　机器人小动物们经过激烈角逐，选出了优秀的代表来到现场，让我们掌声有请神秘嘉宾。款款走来的这位就是机器狗特特，您别看它身材不大，本事却不小，跑步、跳跃、后空翻都不在话下。

　　您肯定要问我，为什么特特能如此灵巧？这得益于它精巧的机械结构和强大的驱动系统，但最重要的是它这颗聪明的"大脑"——也就是控制系统。为了让特特更聪明，研究人员化身机器小动物们的"驯兽师"精心调教。这样的调教通常分为三步："模仿""训练"和"适应"。首先是模仿，这个步骤我们会找到生物狗身上的关键动作点，然后对应到特特身上，让它能模仿生物狗做相同的动作；其次是训练，在这个过程中我们会导入大量的生物狗运动视频，并从视频中提取运动轨迹，让特特跟着学；最后是适应，这其实是从"学"到"用"的一个过程，特特要通过尝试，弄明白在什么环境下应该选择什么样的步伐更好。训练和适应是一个循环持续的过程，这个过程通常需要被"监督"，我们会对做得好的点个赞。整个精心调教的过程被称作"机器学习"。通过"机器学习"，特特会变得越来越聪明，甚至超越生物狗。现在特特和它的小伙伴们已经能够面对常见的复杂路况行动自如，并且替代人类去到危险的环境中巡检搜救、运送物资。也许未来的某一天，特特也能像"功夫熊猫"一样，成为隐藏在你我身边的功夫高手。

　　由于时间关系，还有许多小动物没能来到现场，它们也想通过大屏幕和各位见个面。它们都是仿生机器人，大都归为特种机器人一类。随着科技的进步，特种机器人正在走向之前从未踏足过的领域。科技让我们儿时的梦想得以实现，让人类的极限得以延伸。大自然永远是我们最好的老师，当科技与自然和谐共生，我们将一同迎来更加美好的未来世界！

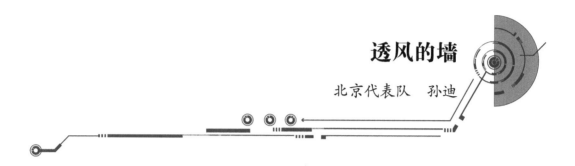

透风的墙

北京代表队　孙迪

世界文化遗产颐和园处处体现着皇家园林的独有气质，巍峨高耸的佛香阁、气势宏伟的仁寿殿、雕梁画栋的大喜楼，就连墙面的花砖也是别具匠心，各式各样的砖雕图案蕴含着吉祥寓意。在这些雕刻精美的图案中都留有一两个镂空的孔隙，俗称透风。

透风的作用就是给墙体透风，你可能会问，墙体不是实心的吗，为什么还要透风？这是因为古建筑是由柱、梁、方、林等木构架组成的支撑体系，而柱子是承重、支撑的主体，因此对它的保护至关重要。古人早已发现空气的流动规律，热空气向上的升力会将下部的冷空气带入予以补充，尤其在狭窄细小的空间流动性反而更强。而通常情况下墙体的损坏，潮湿是直接原因，由于墙体内的柱子是使用"一麻五灰"的方式予以保护，所以它们非常需要透风。

古建房屋在建造时会先用桐油对木柱进行防潮保护，砌墙时再用瓦包裹木柱，阻挡砂浆中的水分。由于木柱的弧度与瓦片不同，它们之间所产生的孔隙为空气流动创造了条件，这时只要在墙面上、下对应柱子的位置安好通风砖，就可以形成完整的通风系统。当墙体内的温度高于墙外温度时，就会自然产生向上的空气流动，热空气向上浮动，从上面的透风孔排出，冷空气从下面的透风孔补充进入，这样墙体内部就有循环的空气；当墙内温度低于墙外温度时，就会反向循环。空气的流动带走了木柱周遭的水分，大大地减少了木柱受潮的可能性。不仅如此，整座古建上部有屋檐遮挡，下部有抬云做基础，透风砖则安放在下抬云上方20厘米的位置，防止雨水从花砖的孔隙渗透，以此来全方位地保护木柱，延长其寿命。

古建花砖的透风原理在现代科学中称为空气热压，如今现代化的高楼大厦中依然有所应用，如高楼中的透风井、排气管道、自然新风系统等。有的大厦还使用双层的玻璃幕墙，利用热压在炎热的夏季使玻璃夹层中的空气流动，以达到降低温度的作用，这种结构也被誉为呼吸墙面。从古时的花砖透风到如今的呼吸墙面，每一种科学都源于生活，又应用于生活，每一次科技进步都铭刻着劳动者的执着与智慧。如今这小小透风依旧点缀在古建的墙面上，静静地守护木柱，也应征了那句古话："天下没有不透风的墙"。

极地雪，中国龙

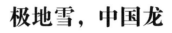

上海代表队　王亚雯

2013 年，一艘俄罗斯船只在南极洲被冰层围困，茫茫冰海急需救援！这时，中国破冰船"雪龙"号来了！它加足马力撞向冰层，可是这一撞，却被卡住了。

这场轰动一时的国际救援历经磨难，虽然最终成功，但也暴露出极地科考面临的世界性难题：破冰！

破冰之路，难在哪儿呢？

第一，航线曲折，船要尽量沿着海冰融化的裂缝行驶；第二，冰层复杂，极地冰不仅硬度高，还暗藏着多年冰脊。既要适应多变的行驶环境，还得突破厚厚的冰脊，肩负极地科考重任的雪龙号，确实有点力不从心了。

经过多年研发，2019 年，雪龙号的新兄弟"雪龙 2"号诞生了。它是第一艘由我国自主建造，更是全球首创的极地科考双向破冰船。雪龙 2 号仅利用吊舱推进器，就解决了破冰难题。

大家看，这是雪龙号的船尾，下面是常规轴桨，通过舵的转动改变船头方向，所以雪龙号只能单向行驶，往前拱可以，往后倒就不太行。您再看雪龙 2 号的船尾，舵桨合并，形成了集推进和操舵于一体的新型船舶推进装置，这就是吊舱推进器。吊舱推进器与船体拼接，可以 360 度转动，在它的作用下，能够产生任何方向的推力，让船舶具有前所未有的机动性。有了这种先进的推进系统，雪龙 2 号就能自由的地前进、后退，甚至完成横移、原地回转等各种高难度动作。

当年雪龙号在冰层上可是卡了整整五天才出来，同样的情况要是发生在雪龙 2 号身上，脱困只要 30 分钟。因为它不仅灵活，还有更强的破冰能力。

雪龙 2 号是双向破冰船，如果船头破冰失败，它可以原地旋转 180 度让船尾破冰。这船尾还能比船头厉害？大家想啊，海冰确实很硬，可是冰是覆盖在海水上面的，要是下面没有水，不就失去支撑了？吊舱推进器上的这两个螺旋桨直径有 4.2 米，最大功率时每分钟能转 160 圈。尾向破冰时，高速转动的螺旋桨就像两个抽水机形成一股强大的水流，把前面的海水快速抽到后面，失去重力支撑的冰脊就被逐渐掏空迅速瓦解。

1984 年，我们没有破冰船，所以第一个考察站只能建立在南极圈外的乔治王岛。随着极地考察设备的不断完善，现在我国已经抢占了南极大陆最高点。蛟龙入海、嫦娥飞天、雪龙探极，这些"国之重器"正在带领我们实现大国崛起、科技自立自强的梦想。我们相信，这抹"中国红"一定会在南北极的茫茫冰雪中闪耀世界！

测量珠穆朗玛

陕西代表队　徐伟航

2020 年 5 月 27 日，2020 年珠峰高程测量登山队最后一次向峰顶发起冲击。为什么要测量珠峰？精确测定的高度有助于科学家研究地球板块的运动规律，使我们对地球的认识更加深刻。那么我们如何测量珠峰的身高？一个人的身高是从头到脚的距离，珠峰也是一样。珠峰的脚在青岛观象山的中华人民共和国水准原点，可是它离珠峰的距离太远了，因此我们把珠峰高程测量分为两个阶段，两个阶段的高度相加得出珠峰的实际高度。

我们来看看第一个阶段，以阶梯式的水准测量解决了水准原点到珠峰脚下交汇点的高度。可是交汇点到珠峰峰顶就已经没有了水准观测的条件，我们可以在交汇点和峰顶之间构建一个三角形，利用三角函数的原理解决交汇点到珠峰峰顶的高度。如何实现？测量队员将会使用这台专门为珠峰高冷环境定制的国产长测程全站仪对珠峰峰顶进行观测，一个观测点精度太低，我们在珠峰脚下 5200 ～ 6000 米的范围内设置了 6 个交汇点，同时为了确保这 6 个交汇点都能够观测到峰顶上的同一点，我们还在峰顶架设了测量的舰标。大家看这个外形小巧的棱镜，它能够准确地反射十几公里外的全站仪发射的激光信号，仪器接收到信号后会显示出交汇点和峰顶的角度和距离。可是大家知道吗？峰顶远看是个点，登上去之后会发现是一个凹凸不平的面，如何保证舰标是架设在面上的最高点，答案就在这台国产的雪深探测雷达上。它不仅能够获取峰顶的雪深数据，还能够获取峰顶的地形地貌，后期我们利用这些数据建立起的坐标，可以对参标的位置进行校正。当然细心的朋友也许会发现，在这个点上还集成了一个白色的圆盘状天线，学名叫作全球卫星导航定位系统。以前它主要接收的是美国 GPS 提供的峰顶数据，这一次我们接收的是以我国的北斗卫星为主的峰顶数据，峰顶数据经过解算得出的高程数据会和之前两个阶段测出的高程数据进行加权平均，最终得出珠峰的准确高度。

最后为了使珠峰高程计算的起算面更加准确，我们在峰顶利用这台国产重力仪，完成人类首次位于峰顶上的重力测量。如果说台上的这些仪器显示着我们国家不断发展的科学技术，那操作这些仪器的技术人员，他们当中有的在极度缺氧的峰顶为了准确操作仪器设备，摘下氧气面罩长达150分钟，他们有的在资源匮乏的交汇点饮冰卧雪11天10夜，他们就是在用行动诠释着爱国报国的情怀，诠释着精益求精的科学精神。最后我想说的是，世界上最高的山峰是珠峰，比珠峰更高的是中国测绘人架设的舰标，而比舰标更高的，则是人类探寻未知，追求真理的信仰。

出发，去火星！

航天局代表队　张琪

屏幕中显示的画面发生在今年7月23日，中国航天人在这一天干成了一件举世瞩目的大事，大家知道是什么吗？没错，正是成功发射了天问一号火星探测器。咱们有一句响亮的口号叫作——出发，去火星！

火星是八大行星中和地球环境最为相似的星球，它有着太阳系中最高的山峰——奥林帕斯火山；更令人兴奋的是，火星还拥有宽阔蜿蜒的河床，原来这个看起来干燥、荒芜的星球在远古时期也曾雨水丰沛、遍布河流。那它为什么会变成如今的一片荒漠？火星的现在会是地球演化的未来吗？人类能去火星居住吗？有太多的疑问等着天问一号去解答。

但去火星可不是件容易事，首先必须要解决的就是大推力火箭的难题。其实早在2011年，我国的首个火星探测器"萤火一号"就曾搭乘俄罗斯的运载火箭奔赴火星，可惜的是俄罗斯火箭未能成功进入轨道。这一次我们众志成城，克服疫情影响，终于用自己研制的长征五号大型运载火箭，把体积更大、能力更大的天问一号送上太空。火星很远，探测器很重，多亏长征五号这个大力士，航天人亲切地称它为胖五。胖五有多胖？它的腰围5米，身高57米，还捆绑了四个直径3.35米的助推器，共同托举870吨重的火箭腾空而起，将重达5吨的天问一号送上太空。天问一号可是个大块头，它包含环绕器、着陆器及巡视器。到达火星后，环绕器将会围绕火星进行遥感普查，着陆平台则会带着巡视器降落到火星表面进行详细探查。我国将在天问一号第一次任务时就尝试完成环绕、着陆和巡视探测，这将是中国人的创举，不仅能够实现深空探测技术的跨越，还能获得科学新发现，给行星科学家带回宝贵的研究资料。

想必大家都很关心我们的火星使者现在还好吗？截至2020年11月14日，天问一号已经在太空中飞行了113天，前段时间它还发了自拍照，向祖国人民汇报工作啦。想在太空上自拍，可不能用自拍杆，航天人想到一个好办法，就是抛出一个小相机对天问一号进行拍照，你看我们的火星使者是不是神采奕奕呢?

按照计划，天问一号将在明年(2021 年)2 月抵达火星。征途漫漫，希望它能一路平安，期待它为我们解开这颗神秘红色星球更多的秘密。

2021 年全国科普讲解大赛精选

鹰击万里不留 "形" ——飞机隐形技术

军队代表队　祝一航

2022 年 8 月 2 日，中国人民解放军东部战区开始在台岛周边开展一系列联合军事行动，对企图分裂祖国的行径施以威慑。在这些军事行动中，我国最先进的第五代战斗机歼 –20 可谓大放异彩。歼 –20 是隐形战机，能够在雷达的眼皮子底下匿踪隐形、来去自如。这究竟是怎么做到的呢？

雷达在探测目标时，首先要向空中发射电磁波，电磁波照射到飞机后，会被反射回来，雷达接收到反射回来的回波，就能发现飞机。而想要让飞机不被发现，关键就是要减弱回波。怎样才能减弱回波呢？目前主要有两种方法，一种是弹，一种是吃。

弹就是将雷达波弹开，不让他原路返回。

具体要如何实现呢？别急，让我们先来做个实验。在黑暗中打开手电筒，我们发现金属球有耀眼的光斑，但是镜子却是黑色的，这是因为平面的镜子可以将大部分的光反射到侧面。而弧面的球呢？无论哪个角度，总会有一些光被原路反射回来。类似的，复杂的外形、粗糙的表面，还有相互垂直的角反射器结构都会导致雷达波沿原路返回。因此，歼 –20 在设计时，采用平整、简洁的外形结构，光滑的机体蒙皮和倾斜的尾翼，以此来控制雷达波反射的方向，最大限度地减少原路返回的回波。

但是，仅仅依靠弹还是不够的，总会有一些弹不走的漏网之鱼。怎么办呢？这时候就要靠 "吃" 了，所谓吃就是将雷达波吸收掉。大家想一想，夏天在阳光下穿黑色的衣服，是不是要比浅色的更热一些？这是因为黑衣服会大量吸收阳光的能量而发热，同样，有一些特殊的材料也能够吸收雷达波的能量，能量被吸收了，回波不就弱了吗？歼 –20 的机身上下，全部覆盖了吸波材料，可以有效吃掉漏网之鱼。

有了特殊外形和吸波材料这两大法宝，隐形战机就能悄无声息地越过层层防线，直击敌人心脏，是现代战争中强大的撒手铜武器。目前全世界只有中、美、俄三个国家有能力独立设计生产隐身战机。

能战方能止战，隐形战机的成功，只是当代中国国防建设的一个缩影。在科技强军战略的指引下，中国军队有信心有能力，为伟大复兴梦想保驾护航！

借我电磁力，弹上青云间——航空母舰电磁弹射

军队代表队　周爱军

2012 年，"辽宁"舰入役；2019 年，完全国产的"山东"舰入役；双航母成军，举国欢呼。

但是，两艘航母都采用了滑跃起飞的方式，意味着国产舰载机起飞重量受限，战斗效能有所降低。当今世界，舰载机主流的起飞方式是蒸汽弹射，但随着舰载机种类的不断增多，对弹射的要求各不相同，蒸汽弹射难以满足。电磁弹射在技术上更加先进，成为军事大国的研发热点。

那么什么是电磁弹射呢？电磁弹射就是利用电动机的工作原理，用电磁力作推力，让舰载机在不足百米的滑跑距离上达到起飞速度。

要实现电磁弹射，就必须解决两大核心难题：一是大功率脉冲电源，二是大推力直线电机。

大功率脉冲电源的任务是要保证弹射瞬间的电源供应。起飞需要的瞬时功率很大，远远超出发电机的供电能力。解决问题的方法是办一个"能量银行"，将电能以"零存整取"的方式储存起来，最后一起释放，以此达到起飞需要的能量，而能做到这件事的，就是飞轮储能系统。飞轮储能系统储能时，飞轮被不断加速，电能一点一点转换为巨大的动能；弹射时，飞轮上积蓄的巨量动能在瞬间转换为电能，送入直线电机，使电机达到起飞需要的瞬时功率。

直线电机并不神秘，在过山车、磁悬浮列车上早有应用，难在提高推力，要在 2 秒内把几十吨重的战机速度从 0 加速到时速约 270 公里。单台电机推力不够，那把多台电机串联起来，就像用多个火车头拉动重载列车那样行不行？想法很好，但是电源还是不给力，不能对多台电机同时供电。巧妙的解决方法是给电机挨个儿按顺序供电，这就如

同接力赛跑，电机是运动员，拖动舰载机的电枢滑块就是接力棒，交棒后的电机完成任务，立即断电，要接棒的电机瞬间供电，电枢滑块加速飞奔。

你也许会有这样的疑问：电磁弹射相比蒸汽弹射，究竟好在哪里？电磁弹射的优越性，可以借用奥林匹克的六字格言，就是"更高、更快、更强"。

更高——能量转换效率高，电磁弹射的效率相比蒸汽弹射可以提高10倍以上；更快——弹射系统准备时间短，从几个小时缩短为十几分钟；更强——弹射力量更强而且范围更广，还能根据需要"量身定制"。

电磁弹射技术虽好，但果子好吃树难栽啊，美国海军为此已经探索了30余年。那么中国呢？2022年6月17日，配置电磁弹射和阻拦装置的"福建"舰在万众瞩目中下水，中国海军的电磁弹射时代，已经到来！

这可谓"借我电磁力，弹上青云间，大国铸重器，强军永向前"！

颜值也是战斗力——星空迷彩

军队代表队　孙禹卿

大家请看，我们在草丛里做了一些伪装，您发现了吗？

没发现？就连这近在身边的小情侣都没有发现？因为呀，战士们身上穿的迷彩服可没那么简单。

自从我国制式军装出现，它们的颜色就有意无意地渗透了迷彩思想，从最开始的纯色，到后来的花纹迷彩，最后到我身上穿着的星空迷彩，基本上就是为了一个目标：保护战士们的安全，使其不被发现和攻击。

可这星空迷彩，按照常理来看好像很难理解，在自然界里强行打码，不是反而容易引起注意吗？

实际上，和我们的直觉相反，星空迷彩的低分辨率恰好能让战士们更好地从视觉中消失。关键呐，就在这迷和彩两个字上。

"迷"是其图案设计，通过融入背景来降低识别度；衣服上像星空一样的小噪点设计，像素点非常的细小，加上用色块来打乱线条，分割破坏目标物的轮廓；竹节虫利用这一原理，巧妙地将自身形体与环境融合到了一起，这样就能让他逃过天敌的追杀。而一头大象，在星空迷彩的作用下，可能在您的眼中就会像猴子一般瘦小。在星空迷彩的帮助下，咱们的战士就能在视线内巧妙遁形，在敌人的眼皮子底下完成任务。

那"彩"呢，可不单纯的是衣服的颜色与环境的颜色一致，它所使用的染料可不一般。大家再来看这样一幅画面，在夜视仪的作用下，隐藏在丛林中的战士暴露无遗。这可不是游戏，是俄乌冲突中的实战场景。

迷彩图案再有能耐，也只能防范可见光侦察，现代战场上不同类型的侦测设备密布，战士们几乎无所遁形。这可怎么办呐？别担心，这个问题，咱们星空迷彩的设计师们也想到了，在印制迷彩色斑的染料中加入稀有金属元素，使星空迷彩反射的近红外光线与周围环境相同并有效地降低热辐射。这样一来，星空迷彩不仅能在可见光条件下让敌人难以发现，还能抑制红外侦测、微光侦测等多种新式侦测手段。敌人妄图凭借先进的侦测仪器实现战场压制的意图，只能沦为空谈。

星空迷彩，是国防科工人员突破国外的技术封锁，经过无数次的尝试，自主研发并且后来居上的科研结晶。回望长津湖战役中，战士们将白床单裹在身上伪装自己，爬冰卧雪，誓死不退。如今，越来越多的中国军人和我一样，身披最强科技战甲整装待发。大好河山，寸土不让！

"芯动" 91 亿次——原子钟

市场监管总局代表队　林月琦

一秒钟会发生什么？一秒钟全世界诞生了 4 个新生儿，飞机飞行了 244 米，我们的空间站移动了 7.7 公里，而你可以快速地眨 5 次眼睛；此外还有一样东西，一秒钟可以跳动 91 亿次，你知道是什么吗？那就是今天要讲的原子钟。

原子钟是一种计时工具。其实从古至今，人们就在不断地寻找着可以准确计量时间的尺子。对古人来说，昼夜交替、水流运动就是尺子，但随着国防和科技的发展，我们对时间精度的要求越来越高；比如，北京冬奥会上，计时精度要达到千分之一秒；时速 6000 公里以上的高超音速导弹，一秒钟会导致 1700 米的误差，那么要想更精准地计量时间，这把尺子要如何选取呢？

经过研究我们发现，原子的核外电子会在轨道间跳动，吸收能量从低阶轨道跳到高阶轨道，再释放能量回到低阶轨道，并且随着能量的变动，还会产生电磁波，这就像我们敲击钟的时候一样，会随着钟的震动产生声波。但是原子跳动产生的电磁波具有稳定的频率和周期。这对计量时间来说，不正是一把完美的尺子吗？于是，科学家们把原子的"跳动"当作计量时间的标尺，原子钟就此诞生，顶级计时工具进入原子时代。

通过进一步研究，科学家们利用原子钟对秒进行了定义，简单来说，一秒就是铯 133 原子振动 9192631770 次所花的时间。我国自主研制的"铯原子喷泉钟"，精度可达 2000 万年不差一秒。还有最新的"锶原子光晶格钟"，更是 35 亿年不差一秒。

可这么高大上的原子钟，对咱老百姓而言有啥用呢？其实，您还真离不开它。我们日常听到的"北京时间八点整"，这就是利用原子钟，从"国家授时中心"发出的。此外，生活中如果少了精准计时的原子钟，造成的可能就是各种事故和灾难。

还有我国的北斗卫星导航系统，为了实现更精准的定位，在北斗三号全部的 30 颗卫星上都装载有我们自主研制的原子钟，而它也被誉为北斗系统强大的心脏。此外，在现代战争中，各个作战系统要想实现联合作战就需要进行"对表"，我们今天的"对表"，依靠的也是原子钟。

如今山河国土已有强兵守护，而大国质量更需精准捍卫！祖国的硬核装备已雷霆出击，而我们的科研人员，也在为实现高精度时间计量不舍昼夜地坚守。

强国，不可"失之毫厘"；强国，精准计量助力！

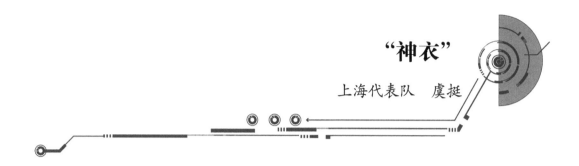

"神衣"

上海代表队　虞挺

　　7月25日，超强台风"烟花"席卷了长三角，上海中心大厦再度引起了人们的关注，狂风暴雨中，尽管有着定楼神器，但是这座大楼顶部的晃动幅度仍然超过了一米，这座中国第一高楼它到底安全吗？您不用担心，因为它还披着一件"神衣"。

　　这件"神衣"就是上海中心身披的玻璃外衣，在建筑中它被称作是柔性幕墙。有朋友会说了，这幕墙到底柔在哪呢？其实，它的背后暗藏玄机，由于上海中心造型独特，这件玻璃外衣是由背后复杂的钢结构支撑起来的，在台风中，大楼的晃动会让这个结构发生一定的变形。想象一下，当坚硬的玻璃碰上了会变形的结构，硬碰硬的结果就只能是玻璃被压碎，这在六百多米的大楼上是绝不允许发生的。既然玻璃宁死不屈，工程师们只好让钢结构服个软，不过想让钢铁变得柔软，这有可能吗？

　　这是我在上海中心调研的时候拍的一张照片，大家可以猜一猜，这个戴着小帽子的圆柱体是什么呢？它就是这件"神衣"的关键所在，被称为滑移支座。如果把支撑起幕墙的钢结构比作我们人体的骨骼，那么滑移支座就像是连接骨骼的关节，它们被安装在了结构最容易发生变形的地方。请看，在大楼遇到台风的时候,幕墙的支撑结构会出现"张开闭合"的变形，此时安装在分区底部的竖向滑移支座就开始工作了，它们可以进行上下的滑动，用来回摩擦的方式消耗掉了台风所带来的压力。同样的原理，其余的滑移支座在结构不同的位置各司其职，它们和楼顶的阻尼器共同守护着上海中心的安全。

　　滑移支座的工作原理看似简单，但在滑动过程中，一旦支座受到了比较大的侧面压力，就会出现一种名为"自锁"的现象。对此我国工程师们提出了优化方法，首先在滑动处涂抹了一层减摩材料，降低了支座内部的摩擦力；其次将原本设计的支座数量减少了一半，增加了每个支座所受到的驱动力，经过不断地优化改进，使得支座受到的驱动力始终大于它的内部摩擦力，"自锁"难题也迎刃而解。

1562 个滑动关节，成就了刚柔并济的护楼神衣，也造就了举世瞩目的超级工程。今年 7 月 1 日，上海中心身披红色照亮夜空，庆祝着党的百年华诞，也让世界看到了中国的科技高度！如果科技有颜色，它一定是中国红。

电影《中国机长》气象元素解析

重庆代表队　唐斌

2018年5月14日，川航3U8633从重庆起飞前往拉萨，在海拔9800米的高空，驾驶舱右前挡风玻璃突然碎裂，舱内温度骤降至零下40℃，副驾驶飞行员险些被卷出舱外。随后，以此次真实事件为背景改编的电影《中国机长》被搬上大荧幕，当时飞机上100多人的生命危在旦夕，必须立即返航，或选择就近的机场备降。

考虑到氧气量、油量等综合条件，机长决定备降成都机场。可影片中却显示，飞机在崇州上空反复盘旋了近半小时之久，这又是为什么呢？这就不得不说到气象因素对飞行安全的影响。影片中的3U8633在前往成都机场的过程中遇到了一个云团，云团对飞机的飞行安全会产生十分严重的影响，尤其是在夏季，对流旺盛，容易出现积雨云，积雨云发展到一定程度就会产生雷暴，又叫作雷暴云，拍摄时3U8633他们遇到的正是雷暴云。积雨云云体高度在10 km以上，云顶呈砧状扩展开来，一个发展得较为旺盛的雷暴云云体一般可以分为3层，零度温度线以下由水滴组成；零度到零下20摄氏度之间，由水滴、冰晶、雪花混合而成；零下20摄氏度温度线以上的云体则只剩下冰晶和雪花。飞机巡航高度是8400～12 000米，如果此时飞机贸然进入云团，驾驶人员的视野会完全被遮挡，只能依靠仪表设备完成飞行，危险程度大大增加。云中的不稳定气流也会让飞机产生十分严重的颠簸，加上飞机上的氧气量、油量都出现了不足的情况，因此他们成功穿越云团的机会，仅仅只有一次，压力可想而知。为了等待相对安全的气象条件出现，机长在当时能够做出的唯一选择就是盘旋。当雷暴云云体开始崩塌，出现了一条危险系数相对较小，雷雨强度相对较弱的通道时，机长果断下令穿越云团，虽然云中的不稳定气流依旧让飞机产生了十分严重的颠簸，还有噼里啪啦的小冰晶不断地砸向飞机，但经过机组人员的共同努力，最终还是成功冲出云团，降落在成都机场。

其实一直以来，恶劣天气都会严重威胁到飞机的飞行安全，而真实飞行过程当中，如果真遇到了云团，最佳的处置方式就是绕开它。当然，也有云体就在机场上空，怎么也绕不过去的情况，这时就应该根据飞机自身条件，以及未来的天气状况做出决定，是返航、备降、抑或是盘旋等待，这就是有时出现航班延误的原因。2016 年 3 月 21 日，雷雨袭击广深地区就曾造成过大面积的航班延误，部分乘客做出了很多不理智的行为，如殴打无辜的工作人员，损坏机场设施等，这都是因为他们并不了解恶劣天气会对飞机的飞行安全构成多么严重的威胁。那么，听完了我的讲述，如果您乘坐的航班由于天气原因出现延误，您能否多些理解，耐心等待呢。

奋不顾"深" 勇往直前

广州代表队　李雪

　　深海世界里，到底是什么样子的？今天，让我们跟着镜头一起下潜海洋，一探究竟。现在我们来到了水下18米，在这里可以看到一些人在潜水；过了200米，这里的光线只有地面的1%，我们的视野也越来越暗了；水下7062米，看，那是我们中国的"蛟龙"号潜水器！水下10 909米，在这里，我国的载人深潜器——奋斗者号，突破了重重险境，创造了中国载人潜水器下潜万米的新纪录。

　　为什么说是重重险境呢？10 909米，相当于珠穆朗玛峰顶上再叠一座西岳华山的海拔高度。下到这么深的地方，压强会高达100多MP，什么概念呢？这相当于我们身上每一块手指甲这么大的地方都要承受一头大象的重量。那奋斗者号又是如何完成万米海试这项艰巨任务的呢？这一切，都要归功于我国的一系列硬核装备。

　　装备一：钛合金载人球舱。奋斗者号上的载人球舱是全世界目前最大，搭载人数最多的万米级潜水器载人舱，它使用了我国自主研发的全新高强高韧钛合金Ti62A，这使得球舱的应力达到甚至超过了820MP，应对万米深海100多MP的压强完全轻松无压力。除此之外，制造载人球舱还涉及超大厚度板材制备、半球整体冲压等关键技术，要想将两个巨大的半球完成焊接，在技术上也面临着世界性的难题。但奋斗者号的科研团队攻坚克难，成功实现了载人球舱一次焊接成型，焊缝的质量、强度和韧性全面达到设计要求。这一次，我们用实力，向世界证明了中国！

　　当奋斗者号坐底后，还要在水下持续工作6小时，这时候，硬核装备二号深海锂电池就派上用场了。奋斗者号上的深海锂电池全部浸泡在油液里，当电池温度升高时，热量会通过绝缘的油液传递给海水进行降温，这就避免了电池温度过高会导致自燃、爆炸等隐患。同时，电池箱外有弹性的橡胶气囊还可以平衡深海的压力，大大提高了安全性能。有了这两份硬核装备的双重加持，奋斗者号当然可以奋不顾身，勇往直前！

我们的奋斗者号不仅要下得去，更要上得来。怎么上来呢？原来抛出压载铁可以实现无动力上浮，潜水器上的浮力材料也发挥着重要的作用。我国自主研发的浮力材料，是由成千上万个纳米级大小的空心玻璃微珠所构成的浮力块，它们密度小，安全系数高，既能为潜水器提供足够的浮力，又经得起海底巨大压力的考验。这一次，我们用技术，向世界诠释了中国！

随着奋斗者号突破万米深海，我们也真正做到了九天揽明月，五洋缚苍龙。但挑战海洋深度的极限并不是奋斗者号的极限。如今，奋斗者号仍然承担着全球一半以上的深渊科考任务，大量先进的技术也在不断应用其上，建设海洋强国的前景，正如画卷般徐徐展开。相信未来中国必将在认识、保护和开发海洋的道路上逐梦深蓝，勇往直前！

"万物皆美"——生物多样性调查

云南代表队　魏健生

　　不知道大家有没有过这样的感受，当走进一片茂密的森林，感受到空气清新、风景秀丽的同时，也会伴随着好奇：这些动植物叫什么；为什么会生长在这里；这个果实能不能吃；这种植物有什么用；等等。其实啊，当我们尝试去解答这些问题时，就已经参与到了生物多样性调查当中。

　　生物多样性是指在一定区域内，所有的生物物种、他们所包含的基因以及这些生物与环境相互作用所构成的生态系统的多样化程度。比如云南已发现高等植物 19 333 种，这就是物种层面的多样性。遗传多样性是指物种种内个体或种群间的基因变化，就像滇金丝猴和亚洲象之间的基因组成就有很大的差别，同一物种之间的基因也有差别，比如兔子的毛色。每个物种都是一个独特的基因库，遗传多样性决定了物种多样性，物种和环境多样性组成了不同的生态系统，例如云南就囊括了从热带到高山冰缘荒漠等 30 多个自然生态系统类型，被列为全球 36 个生物多样性热点地区之一。

　　那么，问题来了，如此丰富多样的物种，科学家们是怎么发现、认识并记录的呢？首先，选定一个调查区域，比如自然保护区，按物种类型确定调查方法，主要有：样线法、样带法、样方法等；接着就是野外踏查，发现物种后需要采集标本、分子材料，并记录位置、组成、数量、用途等信息；野外工作回来就到了鉴定的内业环节，参照分类系统对物种进行命名、编目，最后编研成志、名录或图谱，这就是生物多样性调查的基本流程。

　　大家可能会觉得，这不就像是给物种"上户口"吗？看似平常而简单，但是中国几代科研人员赓续奋斗，辛勤耕耘，通力合作，可是用了半个多世纪才为中华大家庭里的生物建立起"中国家谱"。代表成果便是《中国植物志》《中国动物志》这些功载千秋的科学巨著。

　　如今，在北斗卫星、无人机、人工智能、分子生物学等先进技术的支撑下，生物多样性调查已构建起"天、空、地、人"全方位、立体化的新格局，我们的生物"朋友圈"也在不断壮大。回望百年，吟咏山川日月，衬得万物皆美；下一个百年，山积而高，泽积而长。在共建地球生命共同体的新时代，万物一定能够实现和谐共生。

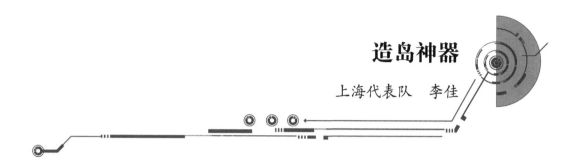

造岛神器

上海代表队　李佳

　　大家有没有看到新闻，近几年，我国南海海域出现了不少人工岛，您知道这人工岛是用什么造的吗？没错，它就是国之重器——挖泥船！为了筑牢守卫祖国南大门的第一道防线，我们曾出动30多艘挖泥船共同参与南海岛礁建设。

　　虽然造岛初见成效，但也遇到了无法克服的难题——"挖得慢"。在南沙群岛，海底除了泥沙之外，还有大量坚硬的岩石，普通的挖泥船往往站不稳、挖不动，好不容易挖动了，要远距离输送碎岩也随时面临堵管问题，怎样才能挖得更快？

　　经过多年研究，由我国自主设计研发的首艘亚洲最大的自航式绞吸挖泥船——天鲲号诞生了。看，天鲲兄弟的铜头铁臂大长腿，都是破题神器！

　　天鲲号的"铜头"就是这个直径3.15米的巨型绞刀，攻克岩石的原理其实并不复杂。大家请看，这是日常使用的几款电钻，功率越高的电钻越能在钻击时产生更大的力，因而就能对付更坚硬的物体。结合南海的地质情况，天鲲号配备了6600 kW的超大功率绞刀，这个功率相当于3000多台混凝土电钻同时工作。说它削岩如泥，一点也不夸张。不过，绞刀的功率虽然大，转速却不像电钻那么快。看这个公式就可以知道，在功率一定的情况下，力与转速是成反比的，由于岩石硬度高，需要绞刀用更大的力去工作，因此绞刀的转速较低，就能确保力量足够大。

　　绞刀虽然厉害，但还要依靠大长腿和铁臂。这两根长55米重183吨的钢桩，就像挖泥船的两条腿，能交替扎入海底，确保站得稳，即使3米的大浪来袭也能照常作业。排泥管就是铁臂，绞碎的泥沙碎岩通过绞刀上方的吸口进入排泥管，由泥泵输送到最远15公里之外的堆填地。这三台串联泥泵的总功率，相当于两列复兴号高铁功率的总和。

　　有了这铜头铁臂大长腿，马来西亚耗时30年填充的25万平方米的人工岛，天鲲号只用两周就能完成。

　　挖泥船让一艘艘"永不沉没的航母"在中国南海拔地而起。天鲲号的成功研制，实现了我国挖泥船从"被国外封锁"到"限制对外出口"的历史性跨越，为实现科技强国、海洋强国的中国梦再添羽翼！

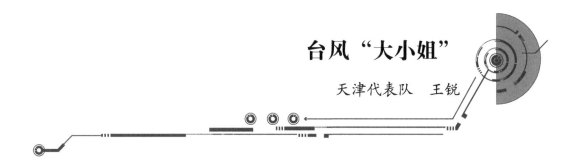

台风"大小姐"

天津代表队　王锐

　　您一定在好奇，威力巨大的台风，为什么叫"大小姐"？她皮肤白，水汽足，体型好，说她是白富美，一点都不为过，可是她的脾气不好，每年的 7 — 9 月，经常离家出走，一路上拆房子，下暴雨，发洪水，都是她的拿手好戏。

　　据不完全统计，一个正式登陆的台风，我们就算 100% 预报正确，也会造成数十亿的经济损失。气象卫星当中，我们发现她像个甜甜圈，中间的大眼睛晴空万里，风平浪静，当有了适宜的海表温度，水汽不断向她中心聚集，让她逆时针旋转，等中心风力超过 12 级，就没有人拦得住它离家出走的脚步。

　　那么她究竟会去哪呢？在她的前方是两个强大的天气系统，一个是热情似火的副热带高压，一个是高冷严肃的大陆冷高压，它们像两座城墙一样挡在这里，一开始她只能沿着墙边往前走，如果她的怒气不减，那我们东南沿海的街坊邻居们就要闹心喽。但是，"大小姐"是不可以乱来的，她只要一上岸，下面光滑的海面变成了粗糙的陆地，这个摩擦力会让她减速，再加上水源中断、山脉阻挡，她的能量会骤减，现在她可就剩下两条路，一条是老老实实回到海里，一条是继续北上，就像去年 8 月的第 6 号台风——烟花一样。

　　这种北上台风的威力，可不仅仅只影响它沿途的地方。

　　我们一定还记得，2021 年 7 月 20 日在河南发生了一场历史罕见的暴雨，这两堵城墙把降雨云团困在了河南上方，海上的两个"大小姐"也非要来凑热闹，她们把大量的水汽沿着墙边送到这里，正巧的是，墙上的这个缺口就好像一个玄关，把水汽牢牢地锁在了这里，再加上河南三面环山，像一个大蓄水池，就这样，郑州的单小时降雨量达到了 201.9 毫米，等于把 106 个杭州西湖的水，倾倒在了郑州城区当中。

　　那我们对"大小姐"就应该避而远之吗？当然不是，全球北回归线附近，受副热带高压的影响，气候都是干旱少雨的，"大小姐"用充足的水汽滋润我们沿海地带，我们才没有像非洲一样遍布沙漠，反而拥有了江南的烟雨朦胧，云南的如画风景，这样的"大小姐"不值得我们敬畏吗？我们如今拥有了 19 颗气象卫星、遍布全国的天气雷达和功能强大的智能预报系统，早已实现了对台风的未卜先知。随着气候的急剧变化，各种极端天气接踵而至，河南的这场特大暴雨共造成 302 人死亡，1453 万人受灾，经济损失 1442.7 亿元，我们的使命和责任就是让这个数字小一点，再小一点，把我们的科技论文，写在祖国的山河大地上。

回首百年，展望未来，气象人永远站在国家所需、服务大众和科技创新的最前线。

后 记

全国科普讲解大赛是由科技部主办的大型科普品牌赛事活动，于 2014 年在广州创办，至今已走过十载韶华。越来越多的科技工作者和科普爱好者走上讲解的舞台，用才华、青春和热情，生动诠释世界的奥秘，打开一扇扇科学的大门，带领我们发现科学的无限可能。

这是一方展示科学魅力的舞台，一场让思想碰撞的盛宴，一个让公众更深入了解科学的平台。我们期待未来有更多的人加入，一起关注和支持科普讲解大赛，一起探索未知，点亮科学之光，奏响科普最强音！

扫码关注公众号
预约更多精彩